奶牛高产关键技术

陈幼春　编著

金盾出版社

内 容 提 要

本书由中国农业科学院畜牧研究所研究员、中国畜牧业协会养牛分会会长陈幼春编著。内容包括:母牛不孕造成的经济损失,高产奶牛日粮配制,提高繁殖率技术,繁殖疾病防治,母牛膘情的体况评分方法,影响机器挤奶效益诸因素分析。本书编著与出版的目的是将高产奶牛低产、不孕的防治措施和机械化挤奶技术要点介绍给奶牛场(户),保护好奶牛健康,达到真正高产。本书可供奶牛饲养人员、奶牛场管理人员、奶牛科研工作者和农业院校相关专业的师生阅读。

图书在版编目(CIP)数据

奶牛高产关键技术/陈幼春编著.—北京:金盾出版社,2006.12

ISBN 978-7-5082-4348-1

Ⅰ.奶… Ⅱ.陈… Ⅲ.乳牛-饲养管理 Ⅳ.S823.9

中国版本图书馆CIP数据核字(2006)第131212号

金盾出版社出版、总发行

北京太平路5号(地铁万寿路站往南)

邮政编码:100036 电话:68214039 83219215

传真:68276683 网址:www.jdcbs.cn

封面印刷:北京印刷一厂

正文印刷:北京华正印刷有限公司

装订:北京华正印刷有限公司

各地新华书店经销

开本:787×1092 1/32 印张:7.75 字数:171千字

2009年3月第1版第4次印刷

印数:30001—50000册 定价:12.00元

前　言

本书重点介绍高产奶牛低产、不孕的防治措施和机械化挤奶技术。

养奶牛可致富。但是，不少新手用养耕牛的老办法养奶牛，于是出现了不该出现的问题。比如，买来的高产牛，不是期望的高产，而是屡配不孕，分娩后患病多。投入不少，收益不高，养奶牛者的积极性受到极大的打击。这是近几年出现的值得重视的问题。养奶牛，尤其是养遗传性能良好的高产奶牛，不仅需要有一般的养牛经验，而且要有当代先进的养奶牛知识，学会接产、投药、机器挤奶等操作技术。本书的目的就是提供与此有关的技术知识。

这里涉及关键的干奶期的饲养管理知识。要懂得饲料配方的阴阳离子调配技术，要懂得母牛繁殖知识，要明白出现营养失调和管理不当可能造成的后果。学到这些知识可以帮助养好奶牛。系统掌握这些知识，可以把高产奶牛的生产性能真正发挥出来，使原来看来不高产的奶牛群也能选育成高产奶牛群。产奶量高，乳质也佳，奶的售价也会因此而提高。

奶牛繁殖疾病的治疗要请兽医，分娩难产问题要请繁殖专家和产科专家。然而，养牛者要学习这方面的常识，不主持治疗，但配合治疗，作为畜主有独到的一面，对提高疗效和促进病牛康复是十分必要的。学些治病常识，有益无害，何乐而不为呢？

学会评估牛膘，是实践问题，熟能生巧，掌握奶牛体况评分法不是难事。掌握国际通用的评膘法，对于天天饲喂的奶牛在什么泌乳阶段呈什么膘情，什么时候要添草添料，什么时候要换草换料，可以眼到手到；也便于跟行家交流经验，学习先进技术一步到位。

机械化挤奶在近几年迅速普及，标志着我国奶牛业正在逐步成熟。奶牛机械化挤奶，要具备更高的技术和管理技能，在发展挤奶厅的地方比一般移动式挤奶要求更仔细地照料母牛。目前，设置挤奶厅的大企业，联合个体农户组成奶牛养殖小区，是发展奶业很好的形式。然而，由于缺乏机械化挤奶的新知识，使奶牛在机器挤奶条件下不断出现伤害牛体和引起减产等问题。管理不得法不仅是农户常见的短处，即使是具有一定的机械化挤奶经验的大型企业，在操作高度自动化的挤奶设施如全自动奶头杯脱落装置时，依然没有掌握足够的知识，需要更新和提高。比如，高产奶牛的泌乳生理与数码信息调控的挤奶设备之间能自然协调，是达到真正高产的关键。奶牛泌乳过程是个复杂的生理过程，挤奶人员和管理人员对泌乳生理的熟悉是保证活牛与机器协调顺利地挤取全部牛奶的关键。本书应用单独一章来介绍。

笔者近年到过一些从加拿大和澳大利亚等国引进奶牛的牛场，看到具有 10 吨以上产奶潜力的奶牛只生产了 3～3.5 吨的牛奶，大量母牛乏情、不孕、多病，达不到原产国的水平，反映出严重的管理问题。澳方供牛户关心他们农场的奶牛卖到中国后能否高产，来华进行访问调查，与我们商量改进饲养管理方法。澳方农牧出口有限公司（Austrex）也出版小册子为我国奶农提供免费咨询。这种对奶牛事业负责的精神也深深地打动了我，促使我来编写这本小册子。10 年前巴布森奶业设备公司斯提芬·逊（Stephen Sun）先生鼓励我将查尔斯

·特纳《影响机器挤奶效益诸因素浅说》再次出版，再次介绍给奶农，以保护好奶牛健康，达到真正的高产。我在此深表感谢，将其略作修改编入此册。此间我也收集美国等奶业新科技资料、奶牛饲养新知识，汇集于此书。为此，要特别感谢国际同行这种打破国界的互助之心和赞赏他们的事业心。

由于奶业知识很广，本人专业知识局限，很难章章精通。多亏朱成宽学兄、李大刚博士、周凌云博士等许多学科的带头人和掌握新知识的青年学者给予及时的帮助和支持，使我能完成小册子的撰写工作。此间我又因允诺出任中国畜牧业协会牛业分会会长之职，紧张的日程常使自己不胜重任，多亏夫人林诚玉的照应，使我有劳有逸，并在 2006 年 10 月得以交稿。本书的内容可能有疏漏和不足，请同行老师、专家批评指正。

编 著 者

2006 年 10 月于北京

目　　录

第一章　母牛不孕造成的经济损失

如何正确理解母牛高产是能不能养好奶牛的首要问题。许多农户只认为母牛在出奶阶段高产就是把牛养好了，其实这还不够，养好高产母牛还得繁殖率高，干奶期饲养管理得法，产犊后疾病少等。综合管理水平上档次，才能达到母牛高产的目的。

母牛的高产是由两大因素组成的。一是遗传因素，就是人们常说的，产奶性能高的遗传性。二是管理因素，饲养管理得法才能发挥母牛的高产潜力。遗传性好要靠管理得法才能得以发挥。管理不当不仅仅是限制高产潜力的发挥，严重的时候，还会危及母牛生命、早早退出生产，连买牛的成本也收不回来。

要使自己饲养的奶牛达到高产水平，首先要给母牛选配优良的种公牛，使得牛群质量一代比一代高。这要从繁育上做好工作，其中提高母牛繁殖力是重要的一环。有了好的母牛群，必须会饲养，把好的草料用在关键时刻，管理要细微到位，使母牛不得病，保持适宜的体况，温驯的禀性，充沛的活力。在奶牛的围产期、严冬和盛夏使牛有舒适的环境，自由和充分的活动，要做到这一点，必须掌握和懂得改善母牛饲养管理的重要性。

一、必须熟知的术语

要提高奶牛的繁殖力，保持合理的营养水平，养牛户要做好牛群的管理，有一些科技术语必须了解。

在本书的内容中涉及母牛围产期的繁殖、营养以及机械化挤奶方面的新名词，必须掌握的术语有以下一些。

（一）空怀期

指母牛产犊后到有效受胎时的时间。高产奶牛的空怀期一般要控制在90天左右，空怀期越长，减产越严重。空怀期过短，母牛分娩后体力未能恢复，不利于下一泌乳期的高产。

（二）未孕牛

处于正常空怀时期内的母牛为未孕牛，得到正常管理，可以正常繁殖。

（三）不孕牛

由于各种原因不能受孕的母牛，通常指疾病引起的不能受孕的母牛，必须治疗后才能繁殖。

（四）不育牛

指不能生育的母牛。这种情况大多是遗传原因造成的，譬如说，雌雄同体。牛的雌雄胎儿在母体子宫里共享一个血液供应系统，不同性别的胎犊互相交换性细胞，造成雌雄同体。其母犊和公犊的性器官都发育不全，犊牛出生后外表看似母犊却不能生育，这就是不育牛，或者称非孅母牛、弗里马丁等。

（五）产犊间隔

指母牛两次分娩期间的间隔天数，又称胎间距，或产犊指数。这是确切反映奶牛繁殖力的用语，也是奶牛场生产管理好坏的客观指标。奶牛的正常产犊间隔为 365～400 天，或 12～13 个月（见中国农业大百科全书·畜牧业卷条目）。这个概念十分重要，养牛户必须熟知。

（六）泌乳期

奶牛自产犊之日起到停止挤奶的时期。这段时间的长短不一，在育种和管理的统计上以 305 天为准。产犊后头 7 天的初乳虽然不做常奶出售，但大多都计入产奶量之中。

（七）干乳期

也称干奶期。奶牛停止挤奶至临产前的时期，一般为 60 天左右，不宜拖长。

（八）围产期

奶牛分娩前 14～21 天到产犊后 14～21 天，通常称为围产期。这段时期的饲养管理水平决定着该泌乳期的产奶量高低。围产前期，专指临产前 21 天的时期，是高产奶牛管理的特殊期，也是疾病多发期。初（头）产母牛的这段时期管理水平的好坏，对该牛终身产奶能力的发挥起着决定性的作用。

（九）青年母牛的繁育年龄

大型荷斯坦奶牛的初配年龄为 1.5 岁。头胎生育年龄的体重要求为 420～450 千克。达到该体重是培育青年牛的指标。

（十）情期受胎率

是指受孕母牛占配种母牛的百分率。是评定母牛受胎力，或者种公牛授精力的指标。在生产上最重要的是第一情期受胎率，即第一情期配种受孕母牛占第一情期配种母牛的百分率。这是衡量一个配种站（点）开展人工授精工作水平的指标。比较好的水平应当达到 70%，即每 100 头配种母牛在第一发情期配种必须有 70 头能受孕，这样一个牛群在产犊后前 3 个情期配种，应该有 97% 的牛可以怀上胎。此时这个奶牛场产奶水平也会是较高的。好的情期受胎率应该在 90% 以上。在这种水平下，奶牛群中依然会有 10%～12% 的牛要在以后发情期内配种。不良的饲养管理和不做配种记录是牛群受胎率低的原因。

（十一）有效受胎人工输精次数

指人工授精条件下母牛一次受胎需要的输精次数。合理的饲养管理条件下，繁殖功能正常的母牛在一个情期内通常只需 1.65～1.85 次输精即可受胎。

（十二）异常发情

是母牛营养不良、泌乳量高、环境温度突然变化等情况导致体内激素分泌失调引发的发情周期紊乱。母牛正常的发情周期是 21 天，青年母牛要短一些。常见的有静发情、断续发情、假发情和二次发情四种。

（十三）静发情

又称安静发情。指母牛缺乏发情的外部表现，而卵巢内卵泡正常发育成熟并排卵的情况。

(十四)断续发情

指母牛的发情期延长,时断时续,30 天以上或更长的情况。常为卵巢功能不全,卵泡发育交替失常的发情现象。

(十五)假 发 情

指母牛妊娠后出现发情的情况,也称孕期发情。常见于母牛受孕后 3 个月内出现的发情,由于孕酮不足,雌激素水平过高引起,容易出现早期流产,在管理不当的奶牛场常见,多的时候出现率达 30%。假发情时,要对照上一次配种记录,根据阴道黏液,结合直肠检查,判断是否已经妊娠,尤其对初孕 25~40 天的母牛要十分慎重。

(十六)二次发情

指母牛发情后不到 21 天又出现发情的情况,有时只隔 3~5 天,有时 7~10 天之后,多为激素失调所致。这种失常也称“打回栏”。

(十七)日粮阴阳离子平衡(DCAB)技术

高产奶牛围产期关键性营养成分平衡的技术,除了考虑日粮重量、能量、蛋白质、矿物质、维生素等成分之外,还要对日粮阴阳离子进行调整的技术。

(十八)阴阳离子平衡值(DCAD)

饲料中含阳离子的矿物质,与含阴离子的矿物质之间在离子值上的平衡关系。阳离子用“+”表示,阴离子用“-”表示。奶牛泌乳高峰期要求"+"值的日粮,临产前21~0天要求"-"值的日粮。表达单位为毫摩[尔]/千克饲料,即mmol/kgMD。

(十九)阳离子盐

饲料中常见的阳离子盐有钠、钾、镁、铁等,豆粕、苜蓿等含蛋白质丰富的饲料为正的高DCAD值饲料,高达+200以上。

(二十)阴离子盐

饲料中常见的阴离子盐有氯、硫等。酒糟、鱼粉等为负DCAD值饲料,达-20~-80之间。日粮中正DCAD值饲料都多于负DCAD值饲料,要调整为负值时,必须用氯化钙、硫酸镁等添加剂来调整。

(二十一)常量元素

矿物质饲料中常量元素有钙、磷、镁、钠、钾、氯、硫等。

(二十二)微量元素

矿物质饲料中微量元素有铁、铜、碘、钴、锌、锰、硒、钼等。

(二十三)脂溶性维生素

可溶于油脂类物质中的维生素,有维生素A、维生素D、维生素E、维生素K等,存在于饲料和牛奶的脂肪中。

(二十四)水溶性维生素

可溶于水的维生素,有B族维生素中的硫胺素(维生素

B_1)、核黄素(维生素 B_2)、吡哆醇(维生素 B_6)、泛酸、烟酸、叶酸(维生素 B_{11}、维生素 Bc)、钴胺素(维生素 B_{12})、生物素(维生素 B_H)和胆碱,存在于饲料和奶的水分中。

(二十五)缓 冲 剂

专指用于调节瘤胃酸碱平衡的饲料添加剂,使瘤胃 pH 值维持在 5.5～7 之间,保持正常的消化功能,保证牛体健康。常用的有碳酸氢钠、倍半碳酸钠、氯化镁、膨润土、碳酸钠、碳酸钾等。用平衡常数 pK_a 表示。

(二十六)瘤胃 pH 值

是瘤胃中食糜酸碱度的简称,pH 值等于 7 为中性,小于 7 为酸性,pH 值 5 以下为强酸性,大于 7 为碱性,pH 值 8 以上为强碱性。

(二十七)干奶末期日粮

专指围产期中接近产犊前 3 周的日粮,是高产奶牛饲养上用于调整好阴阳离子关系的配方饲料。

(二十八)残余奶量

在挤奶过程中残留在乳房内的奶量。

(二十九)乳 区

乳房由隔膜纵向分为左右两半,再由更薄的膜分为前后乳区,共计 4 个分区。

(三十)腺　泡

乳房内分泌乳汁的最小组织单位。

(三十一)手工挤奶

是人工用拇指和食指靠近乳房一端捏住乳头,其余几个手指向下挤压乳头的挤奶方法。

(三十二)乳 头 杯

套在乳头上吸取牛奶的复合套杯,由外部硬质杯和内胎组成。

(三十三)放　奶

奶牛受到挤奶前清洗和套上乳头杯后产生的生理反应,是由挤奶的刺激作用产生的放奶反应。

(三十四)挤奶杯自动脱落

现代化自动挤奶器在乳头杯中的真空压信号到达一定气压时,乳头杯从乳头上自动下落的机制。

(三十五)挤奶速度

反映奶牛泌乳过程可以基本挤完乳房内容纳牛奶的速度。

(三十六)催乳素等

挤奶信息反射给母牛大脑后,垂体所释放的作用于乳腺泡使奶进入乳池和乳头池的各种激素,包括催产素、催乳素、甲状腺素、甲状旁腺素等。

二、调控正常产犊间隔的重要意义

在一些初始经营奶牛的农户中存在一种不正确的观念，认为只要母牛在一个泌乳期(305 天)内产奶量高，就是高水平的养殖，产犊间隔长一些没有关系。于是对母牛产犊后不发情不当一回事，甚至有正常发情，也不抓紧时间去配种，使产犊间距一再延长，超过 400 天，造成减产。有人会奇怪地问，母牛每天的产奶量高，是实际得到的。失配与产奶量是两码事，怎么会减产呢？实际的情况是空怀的时间延长了，产犊间隔从 365 天延长到 420 天，305 天的产奶量在 420 天内平均得到的日产量，肯定比 365 天内平均所得的日产量要低。譬如说一头奶牛 305 天产奶量为 6 000 千克，产犊间隔为 365 天，该头奶牛每天平均产奶 16.44 千克。如果由于失配，产犊间隔延长到 420 天，那么平均每天只产 14.3 千克，减少了 15%的收入。据储立春等对黑龙江省某奶牛场因为母牛失配造成经济损失的报道，从该场 1 085 头奶牛的生产资料分析，在 1985～1995 年期间，二胎以上奶牛平均产奶量 5 500 千克，1992～2002 年同胎次平均产奶量 6 567.1 千克，平均初产月龄从 28.5 月龄提早到 27.7 月龄，每头牛增产 19.4%，产犊提早 24 天，有了很大的进步。但是产犊间隔从平均 391.3 天延长到 432.6 天，延长了 41.3 天。因此该牛场的增产水平和经济效益没有达到应有水平，有一定的损失。损失多少呢？每头牛都按 5 个泌乳期测算，可以从下面一笔账算出来(表 1-1)。

表 1-1　5 个胎次产奶水平和增产幅度比较

年　限	每头平均终身产奶量(千克)	初产后终身饲养天数(天)	日头均产量(千克)	实际日增产(千克)	增产率(%)
1985～1995	26942.1	1870.2	14.4		
1992～2002	32183.6	2035.4	15.8	+1.4	9.7

在 1985～1995 年内，每头奶牛 5 胎合计平均产奶26 942.1 千克，到 1992～2002 年内 5 个泌乳期平均产奶量上升到 32 183.6千克，提高幅度是 19.4%。由于平均产犊间隔延长了 41.3 天，5 个胎次从初产后，终身投产天数从 1870 多天，增加到 2 035 多天，这段投产期内前者平均日产奶 14.4 千克，后者为 15.8 千克。只增加 1.4 千克，增幅只有 9.7%，而不是 19.4%，增幅下降一半。

据储立春等报道，该场母牛产后乏情，情期受胎率降低，或出现静发情，大多数母牛卵泡成熟发育时间长达 28.8 天，有效受胎时间由此延迟将近 1 个月。可见，缩短产犊间隔在提高产奶量上的重要性。上例说明，繁殖管理在奶牛整体饲养管理中的贡献率占 50%左右。同时也说明，不缩短产犊间隔，投入于提高产奶量上花的钱中每 2 元钱中有 1 元是白费了。奶牛的产犊间隔超过 400 天，即使是很高产的奶牛，经济收入也是达不到高产牛应有水平的。

根据大量调查的结果，产犊间隔延长的经济损失，大概有这样的规律：以一年为期，每延长 30 天，在第一个 30 天要损失 120 元，到第二个 30 天时达到 500 元，到第三个 30 天时就达到 1200 元。因此，在奶牛平均产奶 6 吨以上的情况下，产犊间隔大于 400 天就进入赔钱阶段。

高产奶牛营养失调造成的繁殖疾病，会使产犊间隔天数延长，产后发情配种时间拖后，每次受胎的平均输精次数增加。据梁学武引证，其关系如表 1-2。其中以乏情的产犊间隔延长时间最长，可达 60～90 天，对经济效益影响很大。

表 1-2 繁殖疾病对繁殖性能的影响

项　目	平均产犊间隔(天)	产后配种时间(天)	每次受胎平均输精次数
正　常	395	86	1.8
子宫炎	433	99	2.3
卵巢囊肿	447	107	2.1
胎衣不下	419	92	2.0
乏　情	480	141	2.2
流　产	402	80	2.4

表 1-2 中流产使每次受胎的平均输精次数增加到 2.4 次，而乏情这个很不易引起注意的繁殖征状，会使产后配种时间拖到 141 天后，比正常的产后初配天数要延长 70～80 天，减产就不可避免。因此，母牛的繁殖周期是否正常是养牛户必须密切关注的。

三、青年母牛的正常繁育年龄

荷斯坦奶牛是大型乳用牛种，一般情况下，青年母牛生长快、发育好，到 1.5 岁时体重达到 420～450 千克就可以初配，到 27 月龄能产第一胎。在一些农户养奶牛不注重对青年母牛的培育，到 2 周岁时体重才达到 400 千克。买进这样的母牛，没有谱系，不知道确切的出生日期，只能凭体重来决定是否该初配。为了及时让母牛投产配种，饲喂优质牧草是非常重要的，给青年母牛单栏圈养，强调培育，对提高受胎率和终身产奶量起到决定性的作用。用优质豆科牧草饲养育成母牛，是养牛户最有效和最具长效的基础投入，对全牛场长期高产是最具实质性的保证。

在本场培育青年母牛时，在10月龄阶段就可以发现发情现象，此时必须做好个体记录，待长到13～16月龄时，体重达到成年母牛的60%～70%就可以初配。这比在24月龄初配可以提早将近1个胎次，或者说可以让1头母牛终身多产1个犊，多分泌1个泌乳期的奶。然而很多养牛户或养殖小区，青年母牛没有单独圈舍，与成年母牛混养在一个拥挤的牛栏里，吃不上好草好料。在风吹、雨打、日晒之下抢占不上避雨遮阳的地方，运动场活动地盘小，又受大母牛的顶撞，发育自然不会好。这也是许多地区老是培育不出好奶牛的缘故。要养出高产奶牛，必须从培育发育良好的青年母牛开始。

四、母牛繁殖管理档案

母牛繁殖管理档案要记载三种情况，一是生殖器官发育档案，二是生殖疾病档案，三是正常繁殖记录档案。

青年母牛不孕在奶牛群中占有一定比例，在正常的奶牛场较少见，而近年来新建的奶牛场内发生率较高，可达到4%左右。原因主要是从外地、外单位购入牛只在质量上没有保证。大多数病牛属二大类。

第一类是先天性不育。如同胎怀一雌一雄胎牛，产下的母犊是雌雄同体，称之为非嬷牛，没有治疗价值。这类母牛常常是缺失一个子宫角、或无卵巢、或无阴道、或子宫发育不全等等的畸形，直肠检查确认为先天性不育，即可淘汰。

第二类是生殖道疾病。这类牛在产地可能是屡配不孕的，多患有子宫内膜炎、卵巢静止或持久黄体等。从外地购入青年母牛时必须仔细观察其发情周期和发情征状，做好记录。母牛中有发育不良，超龄失配的，要单独喂养，促进其发育。然后用人工催情的办法诱导发情。经观察、检疫有感染传染病的，要做相应的隔离，常见传染病有布氏杆菌病、李氏杆菌病、胎儿弧菌病、胎儿毛滴虫、支原体等。通常在进牛时要做好检疫，防止其传染到本地本场，造成巨大损失。

繁殖记录表要注明牛号、出生日期、父亲号、母亲号、户主或牛场号，青年母牛的记录，要登记初次发情年月日，第一次输精配种日期、冻精公牛号、输精时直肠检查结果，以及输精剂量、输精次数、妊娠结果等。对于每头母牛要建立个体记录档案，这是畜主对自己生产做到胸中有数的必要手段，而且在市场经济条件下，对畜产品都必须有市场准入合格证明的条件下，也是向高档市场打品牌的基本要求，归根结底是领头企业能否生存的关键管理环节。要符合 HACCP(危害分析关键控制)系统，也是不可回避的条件之一。

五、繁殖障碍牛的管理

对母牛的管理要形成制度，不能等母牛长期不孕，再去治疗，而是要以预防为主。有繁殖障碍的个体，并非都可以凭表征来区别的，必须按照繁殖记录做个体核查。牛场要查以下几种情况：①年满 14 月龄未见初次发情的；②产后 60 天未出现发情的；③定期做妊娠检查空怀的；④发情不规律和异常发情的；⑤输精三个情期以上未妊娠的；⑥产犊后非季节因素5个月以上未妊娠的；⑦出现胚胎早期死亡、流产的。以上第7种情况往往与传染性流产有关，也有是高产奶牛营养不良引起的。分析原因后发现是传染性流产时要采取防疫措施，以免牛群传染，造成重大损失。鉴于这些原因，奶牛场定期检疫布氏杆菌病和结核病的工作，必须形成制度，严格隔离病畜，最好在牛群中出现个别牛只患这些传染病时，果断地淘汰，免得疫情扩散，造成不可挽回的损失。饲养和营养上的缺点，要从青年母牛投产开始，对泌乳高峰期、妊娠后期、围产期及时调整日粮配方，改进牛舍和周边的环境，给牛只以自由活动和适宜的环境，这对于提高牛体健康水平，保持旺盛的繁殖力和持久的高产水平是根本的措施。

第二章　高产奶牛日粮配制

近 10 年来，我国粮食产区养牛业蓬勃发展，奶牛饲养头数猛增，进口的良种奶牛达数万头。这些牛具有比本地奶牛在产奶潜力上高 60%～70%的水平，然而在主体饲料以秸秆为主的情况下，不但这样高产的遗传潜力得不到发挥，在营养供应有限的条件下，繁殖力也同样受到影响。其主要表现是生殖系统的疾患剧增，如胎衣不下、乳热症、发情失常、屡配不孕等疾病，并使新生犊牛死亡率增加 、难产牛比例增加。

产粮区作物秸秆资源很丰富，然而这种饲料的矿物质十分贫乏，蛋白质含量极低。当日粮中添了价格昂贵的豆饼饲料后，矿物质元素含量依然不足。一般情况下，秸秆的含钙量只有青干草的一半，含磷量也只有青干草的 50%～70%，铜、硒的含量极低，维生素也严重缺乏。而苜蓿干草和粮饲兼用玉米青贮中营养丰富，却未能顺利推广。奶牛日粮如何配合，成为养奶牛农户迫切解决的问题。

一、奶牛围产期饲养失调的危害

奶牛分娩前的 7～10 天是奶牛的重胎期，这时妊娠母牛进入临产阶段，必须在产房单独喂养。这时期奶牛从干奶转为分娩和泌乳，生理上出现重大的变化，体内激素分泌要从保胎、促进胎儿发育转为产犊、产奶，产生巨大的转变。母牛表现为食欲不振、消化不良，易感染疾病，出现单独离群现象。此时母牛过瘦、过肥都不利于分娩，必须具有适宜的体膘，以保证顺产。

围产前期胎儿和子宫急剧生长，压迫消化道，干物质进食量显著降低，在产前7～10天食欲会降低20%～40%，分娩前血液中雌激素和皮质醇浓度上升，也使母牛食欲减退。因此，必须提高日粮的营养浓度，保证其正常的需要，日粮的粗蛋白质含量要比干奶期提高25%，在预产期的前2周开始，逐渐增加精饲料饲喂量，每天加0.5千克，直至达到母牛体重的1%，如600千克体重的母牛每天宜喂6千克配合精饲料，使瘤胃内微生物区系适应新的高浓度日粮，并适应产犊后泌乳对高精饲料比例的需要。

增加谷物饲料可以促进瘤胃内绒毛组织的发育，增强瘤胃对挥发性脂肪酸的吸收能力。对于体况已超过体况评分4分的牛，或有过酮病史的牛，在日粮中要添加6～12克烟酸，以减少酮病和脂肪肝的发生及其有关繁殖疾病的发病率。关于体况评分的方法在第五章中介绍。

（一）营养失调的常发病

围产期是从产犊前2～3周到产犊后2～3周大约40天的时间。胎龄达到7个月时，胎儿重量达到约8千克，8个月时达25千克，9个月和临产前达到35～40千克。同时母牛子宫也在增重，子宫重量大约为胎儿的120%，这就是说，胎儿在这3个月内增重30千克的话，子宫增重36千克。由于妊娠母牛将大量营养输送给胎犊和宫体，对营养需要量很高，如果这时候营养供应不足，使生殖器官功能受到损伤，就会引起一系列的疾病，而临产前10余天母牛出现的食欲不振会加重围产期的营养缺乏病，促发繁殖疾病。据美国纽约州对8 070多头荷斯坦奶牛的调查，围产期营养失调可引发各种病症，情况如表 2-1。

表 2-1 奶牛围产期营养失调产生的繁殖疾病

病 名	发生率(%)	分娩后平均出现日数
胎衣不下	7.4	1
子宫炎	7.6	11
卵巢囊肿	9.1	97
乳热症	1.6	1
酮 病	4.6	8
瘤胃变位	6.3	11
乳房炎	9.7	59

表 2-1 中，前 4 项繁殖病占产犊母牛数的 25.7%，这是严重的经济损失的因由。如日粮配方中钙的供给不足，就出现低血钙症，其难产率是营养正常牛的 2.8 倍，胎衣滞留是正常牛的 6.5 倍，瘤胃变位是 3.4 倍，酮病是 8.9 倍，乳房炎是 8.1 倍，可见围产期母牛营养失调的后果是极其严重的。

胎衣不下母牛血液中的常规成分与正常牛相比，各项指标均差别较大(表 2-2)。

表 2-2 胎衣不下母牛与正常母牛血液中几项营养物质测定结果

测定项目	胎衣不下牛	正常牛
葡萄糖(毫克/分升)	59.6	61.8
非必需脂肪酸(毫克/分升)	0.494	0.340**
氨基酸(克/分升)	2.34	2.48**
钙(毫克/分升)	96.3	98.5**
红白细胞数(10^3/毫升)	225	310**

** 表示两种牛差别非常大

表 2-2 中胎衣不下母牛的非必需脂肪酸、氨基酸和钙浓度与正常牛的生理指标差别非常明显。各种养分应该低的高了，应该高的低了，是患病的原因。子宫患病，则造成产奶量下降和空怀天数增加，如表 2-3 的统计。

表 2-3　患子宫病牛与正常牛的产奶与空怀天数对比

项　目	305 天产奶量(千克)	空怀天数
患子宫病牛	8933	125
无子宫病牛	9978	99
差　别	－1045	＋26

患子宫病的牛空怀天数延长了 26 天，产奶量下降达 1 吨多。患有酮病的母牛，乳中酮体(乙酰乙酸与 β-羟酪酸)的浓度增高，研究发现，当每升奶的乙酰乙酸含量大于 0.1 纳克时，产奶量明显下降。在生产上表现为产后配种日期延迟，有效受胎的配种次数增加，初配的受胎率下降，空怀天数延长。与正常牛的对比结果见表 2-4。

表 2-4　酮病牛与正常牛繁殖力对比

<table>
<tr><th colspan="2">牛类别</th><th>分娩到配种天数</th><th>有效受胎配种次数</th><th>初配受胎率(%)</th><th>空怀天数</th></tr>
<tr><td colspan="2">正常牛</td><td>70.5</td><td>1.2</td><td>75</td><td>80</td></tr>
<tr><td rowspan="2">酮病牛</td><td>无临床症状牛</td><td>75.8</td><td>2.0</td><td>44</td><td>102</td></tr>
<tr><td>有临床症状牛</td><td>78.0</td><td>1.9</td><td>40</td><td>100</td></tr>
</table>

由此可见，母牛患了酮病，无论出现还是不出现临床症状，普遍的反应是分娩后可以配种的天数增加近 1 周，配种次

数增加近70%，初配的情期受胎率下降到40%左右，空怀天数延长到100多天。

以上事例说明围产期正确的饲养管理有多么重要。但一些农户在母牛一停奶就不按日粮配方饲喂，造成的经济损失是极其严重的而且是不可挽回的。表2-3中的数字证明牛奶产量下降1吨多，这是在不知不觉中发生的，养牛户还认为自己的牛已产出9吨奶，十分满意，其实已造成10%的损失。表2-4进一步说明病牛在随后的空怀期间依然是无效投入，下一胎的减产还会进一步表现出来，包括治疗费用在内，其经济损失要远远超过减产1吨牛奶的价值。

增加优质玉米青贮，可以使母牛产犊后更快地进入泌乳高峰期，每天添加4.5千克，逐步增加到9千克为止，可加速复膘。有条件的牛场可补饲100克脂肪酸钙，加快母牛适应喂青贮的时期，提高复膘效果。

对于有乳热症病史的奶牛场，将日粮中钙的含量调整到日粮干物质含量的1.5%～1.8%，钙、磷比调到1.7～2∶2。还要控制钠和钾的含量，以避免产犊前后乳房过度水肿。补喂含硒和锌等微量元素的添加剂，也有利于奶牛健康。

补饲维生素A、维生素D和维生素E及烟酸，对不同繁殖疾病的预防作用和补喂量如表2-5。

表2-5 围产期母牛维生素推荐用量

维生素名称	预防作用	每日喂量
维生素A	乳房水肿、胎衣不下	10万单位
维生素D	乳热症、促进钙磷利用	4万单位
维生素E	胎衣不下、乳房肿胀	0.1万单位
烟　酸	酮血症	6～12克

产犊前3周到临产期间在日粮中添加阴离子矿物质是新的研究成果 。这类矿物质有氯化铵、硫酸铵、硫酸钙、硫酸镁等,在后节作专门介绍。

(二)秸秆养奶牛营养失调后的繁殖病发生情况

产粮区以农作物秸秆作为奶牛的主要粗饲料,与苜蓿相比其营养成分十分贫乏,从表2-6中可以清楚地看到,除大豆秸以外,几乎所有作物秸秆的矿物质含量都很低。

表2-6 几种秸秆和苜蓿矿物质含量

饲料名称	常量元素(%)				微量元素(毫克/千克)				
	钾	钠	钙	磷	铁	铜	锰	锌	硒
稻　草	1.7	0.2	0.06	0.20	300	6.9	191	6	0.03
甘薯藤	—	—	1.60	0.13	—	16.0	34	7	0.07
谷　草	—	—	0.34	0.03	450	7.1	33	6	—
小麦秸	1.55	0.14	0.31	0.10	200	3.1	36	54	0.08
大豆秸	0.9	0.12	1.29	0.23	300	9.0	93	26	—
玉米秸	—	—	0.49	0.09	—	8.3	33	29	—
苜蓿干草	2.1	0.15	1.28	0.34	447	15.0	34	22	0.48

秸秆中微量元素的含量与土壤中相关元素含量有关,一般不缺铁,而硒严重不足。

据何生虎报道,宁夏6个奶牛场,共3 700头奶牛的饲养情况统计表明,利用当地的作物秸秆配合日粮时矿物质缺乏,使奶牛围产期繁殖疾病频发。当地奶牛日粮配比见表2-7和表2-8。

表 2-7　奶牛日粮组成（单位：千克）

场别	牛数	基础料	奶料比	青贮玉米	黄贮玉米	稻草	干奶期精饲料
1	300	3	2.2∶1	0	20	3	5
2	400	3	2.5∶1	25	0	2	5
3	300	3	2.1∶1	0	18	3.5	5
4	200	3	2.4∶1	20	0	2.5	5

表 2-8　干奶期精料配方（%）

场别	玉米	胡麻饼	小麦麸	豆饼	骨粉	添加剂	食盐
1	54	32	9.5	2	1.5	1	0
2	54	35	8.5	0	1.5	1	0
3	53	30	15	0	2	1	0
4	53	35	8	0	2	1	0
个体 1	54	33	10	0	2	0	1
个体 2	50	40	7	0	2	0	1

饲喂以上配方后，抽样测定 6 个牛场奶牛血液中矿物质含量，结果列于表 2-9。

表 2-9　6 个牛场围产期奶牛血液测试值　（毫克/升）

元素名称	正常范围	1 场	2 场	3 场	4 场	个体 1	个体 2
钙	90～110	87.0	91.4	92.7	86.4	88.6	89.6
磷	40～80	36.0	34.2	35.8	33.9	33.4	35.1
铜	0.8～1.2	0.63	0.67	0.59	0.66	0.54	0.60
铁	1～2	30.7	32.1	26.9	26.6	30.2	32.4
锰	0.18～0.19	0.19	0.24	0.27	0.25	0.41	0.44
锌	0.8～1.2	3.61	3.32	2.93	3.17	3.08	3.21

续表 2-9

元素名称	正常范围	1 场	2 场	3 场	4 场	个体 1	个体 2
硒	0.08	0.051	0.041	0.034	0.054	0.013	0.013
钴	1	1.03	1.13	1.06	1.03	1.07	1.09
氟	<2	3.0	2.2	3.0	2.9	3.4	3.3
PBI *	2.4～4.2	1.71	1.4	1.6	1.9	1.4	1.4

* 结合蛋白碘

从分析结果看，对母牛钙吸收影响最大的氟普遍超标。硒短缺，将近少一半，个体户养的牛更为缺乏。钙、磷、铜欠缺，铁严重超量。锰超标，锌超标更加严重。锰和锌超标与牛场饲喂的粗饲料类型有关，如多用稻草，还有多用小麦秸。由于矿物质元素之间比例不平衡影响母牛机体对各种矿物质的吸收，从而促使繁殖病频频发生。

对于高产奶牛除以上各种营养饲料必须科学搭配以外，应该注意瘤胃调节剂的添加，还有抗应激剂，如有机铬的补饲，据张敏红的报道，每千克饲料添加 0.3 毫克。关于阴阳离子平衡问题是现代高产奶牛饲养所必须知道的，随后有专节介绍。

表 2-9 中 4 个奶牛场发生繁殖疾病的情况如下：胎衣不下 165 头，占 18.83%；子宫内膜炎 173 头，占 19.75%；消化不良 181 头，占 20.66%；产后瘫痪 82 头，占 9.36%；酮病 34 头，占 3.8%；难产 128 头，占 14.61%。7 种病合计 876 头，占总数的 23.67%。奶牛在围产期几乎有 1/4 的牛患病，这就是非常大的经济损失。2 家个体奶牛场在母牛干奶期不补喂精饲料，奶牛发病率都超过以上比例。

由于当地土壤的特点，作物秸秆含有的矿物质元素多寡不一，使饲粮配方的营养成分中铁、锌、钴含量超标，尤其是铁超标达 13～32 倍，锌超标 4～5 倍，钙、磷比例失调，大于 2∶1，不符合围产期营养需要。铜不足，硒严重不足，2 户个体奶牛场母牛饲料含硒量只占需要量的 9.13%，氟含量严重超标，有极大的危害，加重了钙、磷比例失调的弊病。在临床上一次性注射亚硒酸钠也未能改善白肌病和产后瘫痪的症状。可见矿物质营养失调严重到了什么程度。

这些牛日粮中维生素 A 只占需要量的 7.5%～8.3%，维生素 E 也短缺。尤其是个体户饲养的牛只，被毛褪色，呈现褐色，脱毛、毛尖发焦，关节肿大，蹄壳过度生长，甲状腺肿大，牛只精神委靡。这种现象在以秸秆为主饲养奶牛的地区非常普遍，是奶牛产奶量低下，生殖道疾病频发的根本原因。

二、围产期母牛日粮基本营养要求

1 头泌乳期产奶量超过 8 000 千克的母牛在围产期的营养供应要满足表 2-10 所建议成分的数量，才能摆脱由于营养失调引起的繁殖疾病（日粮组成全部按饲料干物质计算）。

表 2-10　干奶牛和泌乳早期母牛日粮成分建议

营养成分	干乳初期	干乳后期	产犊后	泌乳早期
干物质摄入量（千克/日）	13	10～11	17～19	21～23
泌乳净能（兆焦/千克）	5.316	6.279	6.907	7.200
脂肪（%）	3	4	5	6～7
粗蛋白质（%）	13	15	20	18
非降解蛋白/粗蛋白质（%）	25	32	40	38
酸性洗涤纤维（%）	30	24	21	19
中性洗涤纤维（%）	40	32	30	28

续表 2-10

营养成分	干乳初期	干乳后期	产犊后	泌乳早期
饲草中性洗涤纤维(%)	30	24	22	21
钙(%)	0.60	0.70	1.00	0.90
钙/阴离子盐(%)	—	1.30	—	—
镁(%)	0.20	0.25	0.30	0.35
镁/阴离子盐(%)	—	0.40	—	—
磷(%)	0.30	0.35	0.55	0.50
钾(%)	0.65	0.65	1.00	1.00
硫(%)	0.16	0.20	0.25	0.25
硫/阴离子盐(%)	—	0.40	—	—
钠(%)	0.10	0.10	0.30	0.30
氯(%)	0.20	0.20	0.30	0.30
氯/阴离子盐(%)	—	0.7～0.9	—	—
维生素 A(千单位/日)	100	200	100	100
维生素 D(千单位/日)	30	50	30	30
维生素 E(千单位/日)	0.6	1.0	0.8	0.8

注：引自 Hutjens，1994

使用此表的配方中需添加微量元素的剂量为：锌 1 000 毫克，铜 250 毫克，镁 1 000 毫克，硒 3～6 毫克，碘 12 毫克，铁 500 毫克，钴 2 毫克。以上最好是成品矿物质饲料添加剂。

为使配方能达到建议量要求，应该使用蛋白质饲料、纤维类饲料及能量饲料，如玉米、豆饼(粕)、小麦麸、甜菜渣、玉米淀粉渣、次粉、大豆皮，并加添大豆、油菜、全棉籽等脂肪源饲料。饲粮必须拌匀，让母牛采食全份日粮，不使出现残留。

围产期母牛胎犊发育迅速，到分娩、到进入泌乳高峰期，生理变化非常大，对于日粮营养的需求短期内有巨大的变化。

将日粮有针对性地分配给不同生理阶段的母牛，不能将这些母牛混群饲养，必须分槽单喂。否则，这些精确的日粮不可能，实打实地喂到个体上，也就不可能排除母牛的繁殖疾患，不可能达到良种良法提高产奶量的目的。

(一)围产期奶牛的生理变化

干奶后期，是预产前14～21天的阶段，又称围产前期，是母牛应对产犊和泌乳的需要，出现生理上要求对营养成分改变的时期。

干奶后期乳腺受内分泌激素影响，在各种营养成分，特别是蛋白质和维生素A的参与下开始了组织更新的生长发育。乳腺的重建速度，经产牛大于初产牛、体弱牛和老年牛。此期乳腺的变化幅度大小在一定程度上预示着随后的产奶潜力。乳腺重建时期一般为40～60天，不超过70天，乳腺实质组织的增长大约是每日460克，营养需要为每日130克蛋白质。此期需要大量的维生素A，每日要达到20万单位，维生素A参与上皮组织和黏膜的形成，并起保护作用。此期维生素D和维生素E也十分重要，这三种维生素的需要量超过母牛泌乳期的需要量。其他矿物质也要相应足量添加。

瘤胃组织功能发生变化。从泌乳到干奶阶段，增加日粮中粗饲料比例导致瘤胃微生物区系发生变化，如分解淀粉的微生物减少，分解纤维素的微生物增加；瘤胃上皮组织的乳头状突起，因为纤维素浓度上升，乳头状突起缩短。乳头状突起是负责吸收脂肪酸的，因其功能减弱，使脂肪酸吸收能力会减弱将近一半。这也是进入干奶期母牛复膘能力减弱的原因。

由于奶牛的复膘主要在泌乳后期完成，干奶期只作进一步的调整。停奶时母牛膘情评分达到3.5分时，在干奶期的

2个月内必须使其恢复到4分的程度。

胎儿高度生长发育的变化。干奶前期，胎儿和子宫组织急剧生长，胎儿和子宫共增重16.2千克，其中胎儿重14.5千克，占到近65%。干奶后期，胎儿和子宫增重20.1千克，其中胎儿重16.1千克以上，占到近80%。由于胎儿的生长发育迅速，需要大量的蛋白质、能量、维生素A、矿物质等营养；与此同时由于胎儿体积增大压迫消化器官，雌激素水平持续升高影响食欲，使母牛对养分的摄入量减少。为了获得健康的犊牛，并保证下一个泌乳期高产，对干奶期奶牛的营养供给水平要十分关注。

(二)内分泌激素水平的变化

干奶后期奶牛内分泌状态发生明显变化，为分娩和泌乳作准备。

在分娩前后急剧波动的激素有胰岛素、生长激素、甲状腺素、雌酮、孕酮。分娩当天有升降的是糖皮质激素、催乳素。起动这些变化需要能量和特殊蛋白质及维生素等营养物质，因此很大程度上依赖于饲养。

(三)免疫功能的变化

干奶后期奶牛的免疫功能(抵抗力)下降，原因是干奶后期雌激素和糖皮质激素在血液中浓度升高，这两种激素是免疫抑制因子。这两种激素含量的上升影响食欲，使采食量降低，使一些发挥免疫功能的必需营养素(维生素A、维生素D、维生素E，微量元素锌和硒)的摄入量不足。如果不能提前供应充足的营养物质，到临产前补喂是来不及的，很难防止免疫功能下降的副作用。

(四)矿物质的需要量

1. 常量元素

(1)钙需要量　每升牛奶含 1.2 克钙,牛奶中脂肪含量越高,含钙越丰富。成年母牛在泌乳期从饲料中吸收钙的能力不如犊牛和青年牛,它取决于母牛的年龄、日粮类型、维生素 D 的供应量和当时的生理状态。乳热症的出现使临产母牛从日粮成分中吸收钙的能力下降,从骨骼中动员钙的能力下降,只有在产奶性能提高时母牛才恢复原来的消化吸收功能。1 头泌乳母牛,体重在 600 千克时,要维持 1 千克活重约需 16 毫克钙,而泌乳期在牛奶含脂率为 3.5%时,每产出 1 千克奶则必需 1.25 毫克钙。该母牛日产 30 千克牛奶,每天需提供 104 克钙。当日粮干物质占体重的 3%时,600 千克活重的母牛日采食 18 千克饲料干物质,其饲粮(日粮)钙含量必须是 0.58%才能保证每天 104 克的需要量。不同日产奶量的母牛对钙的需要量见表 2-11。因产奶水平不同,高产经产母牛和初产母牛日粮中钙的含量为 0.8%,对于低产母牛和泌乳后期日粮钙含量为 0.4%。

常用的补钙方法是精饲料中添加含钙的矿物质饲料,如磷酸氢钙、石粉等,或者饲喂含钙量高的牧草如苜蓿,苜蓿的含钙量高达 1.75%。

表 2-11　600 千克体重母牛钙需要量与产奶量的关系

产奶量(千克/日)	钙(克/日)	日粮中钙(%)
15	62.9	0.35
20	76.7	0.42
25	90.5	0.50

续表 2-11

产奶量(千克/日)	钙(克/日)	日粮中钙(%)
30	104.4	0.58
35	118.2	0.66
40	132.1	0.74
45	155.9	0.81

注:乳脂率为 3.5%

血清中钙的正常水平是每 100 毫升含 9～12 毫克,血清钙在产犊时或者营养不足时明显下降,当其水平只有 5～6 毫克时表示缺乏,反映产褥热病的发生,必须十分关注。对于高产母牛,在临产前较短的时间内或产完犊后会立即暴发此病。

干乳后期不能用苜蓿来补钙。因为这阶段是阴阳离子调节期,要减少苜蓿或不喂苜蓿来降低阳离子浓度才能避免产后瘫痪和乳房炎等病的发生。

防止产褥热发生的另一措施是在产犊前投喂或肌内注射维生素 D;减少日粮的钙含量,钙、磷之比达到 1.7∶1,用磷酸一铵取代磷酸氢钙,使日粮钙含量保持 0.35%,而不是通常认为的 1%,而磷含量占日粮干物质的比例为 0.3%,不要超过 0.65%。

(2)磷需要量　泌乳和正常的骨骼生长中,磷的重要性如同钙一样是不可缺少的,磷又是瘤胃中微生物保持活力的元素,每升牛奶含 0.95 克磷,在泌乳早期和晚期含量略高一些,但与牛奶含脂率没有关系。1 头 600 千克体重的泌乳牛每日需要摄取 30.6 克磷,再加每产 1 千克牛奶需 1.7 克磷,当产奶量增加,磷的需要量也增加。母牛磷的需要量如表 2-12。

表 2-12 母牛磷需要量与产奶量的关系

产奶量(千克/日)	磷(克/日)	日粮中磷(%)
15	56.1	0.31
20	64.6	0.36
25	72.0	0.40
30	82.6	0.46
35	90.1	0.56
40	108.6	0.60
45	117.1	0.65

此外,在泌乳期的后 100 天,每天要增加 7 克的饲喂量。

正常母牛血液中,每 100 毫升血液含 4～6 毫克无机磷。

磷的需要量与维生素 D 的活力和钙含量有关,当钙量太高时,会使磷从粪便中排出的量增加,此时提高磷的补充以抵消其副作用。母牛随年龄增长对磷的需要下降,相当于青年阶段的 45%～65%。粗饲料含磷低,而精饲料含磷高,如大豆饼(粕)和油菜籽饼(粕)含磷最高。

缺磷程度达到不足弥补骨内需磷量时,骨骼变脆。饲喂缺磷饲料的母牛产奶量迅速下降。此时血磷下降,母牛表现出食欲减退,繁殖力降低,骨骼病如尾骨消减、骨脆和软化等严重疾病。在高氟地区,缺磷甚至会使肋骨和腰椎软化,病母牛卧地后再无能力站起,最终会因无法救治而死亡。

(3)镁需要量　镁是构建骨骼的元素,又是提高酶活力的矿物成分,能保持肌肉的强力,提高能量利用率,促进乳脂的形成。镁在日粮中的含量与产奶量、日粮中钙和磷的含量有关,每千克牛奶含镁 135 毫克。饲料原料中,高蛋白牧草中镁含量低,多数低于 0.1%,而谷实饲料含镁量稍高,为 0.15%。

青饲料、糠麸类和油饼类饲料含镁丰富，为谷实类饲料含量的2～6倍。当磷、钙采食量高时镁量会降低，如青贮就是这类饲料；含钾量高的粗饲料，如含钾量高于3%，就会干扰钙和镁的吸收。

泌乳母牛每日需要25克的镁才能保持正常的生理功能。每生产1千克牛奶需要0.12克镁。在日常生产中镁的需要量受很多因素干扰，以总日粮百分比表示母牛对镁元素的需要量，见表2-13。

表2-13　母牛每日镁需要量与产奶量的关系　（单位：克）

饲料中的镁可满足需要量(%)	产奶量		
	10千克/日	20千克/日	30千克/日
10	37	49	61
17	22	29	36
25	15	20	24

表2-13表示饲料中镁含量与母牛产奶量存在下列关系：如果饲料中镁来源只能满足需要量的10%时，对于每天产奶10千克的母牛，每日补饲37克镁，相当于每千克奶要补3.7克；而日产奶30千克的母牛，要补饲61克镁，相当于每千克奶只需要补2.03克。当饲料中镁占需要量的25%时，日产奶10千克的母牛，要补饲15克，相当于每千克奶要补1.5克；而日产奶达30千克的母牛，要补24克，相当于每千克奶只补0.8克。因此，日粮中谷实饲料含量对镁的添加量影响很大，谷实饲料中镁的不足必须用矿物质添加剂来弥补。

生产上的表现是：当镁供应量相当时，每日尿排泄的镁量为2.5克。镁供应超量时，尿中排泄增加，血中镁浓度保持在

2.0～3.5 毫克/100 毫升。如果镁的吸收不足，每天尿的排泄镁量会低于 0.1 克，血清镁处于 1.0～2.0 毫克/100 毫升时，同时出现产奶量下降和心脏功能失调。如果血清镁低于 1.0 毫克/100 毫升，母牛会行动失调，不能站起，此时不及时治疗，死亡会在几小时内发生。牛的青草搐搦即严重缺镁症，大多在寒冷的早晨，或者秋天采食低质牧草时发生。当地的牧草含镁低于 0.2%，而钾高于 3%，氮高于 4%，是引发青草搐搦病的根本原因。预防措施是在放牧前 2 周，给牛每日补喂 50 克氧化镁。在出现缺镁症状的牛群，畜主最好送血样到有关科研单位进行血清镁含量测定，以及时防治，减少损失。

(4)钠和氯需要量　食盐，以钠和氯形式大量存在于奶牛的消化道和软组织中，它能透过细胞壁和膜，是活力很强的化学营养物质，又是血液酸碱平衡的保持者。食盐能提高消化酶的活力，促进唾液的分泌。氯的需要量大致上比钠高 1 倍。饲料中普遍含盐不多，补充盐成为日粮配方的常识。盐不足的后果是食欲不振、体重下降和产奶量下降。每千克牛奶含钠 0.63 克，含氯 1.15 克，因此高产奶牛每天需要大量的盐分。

饲料含钾量高会造成钠不足，在大量饲喂粗饲料时常常发生，牛在放牧时由于钾量太高，必须补盐。泌乳母牛缺乏钠时，在 4 周之内会特别渴求食盐，不出 3 个月会到处舔土，啃木栏。为了满足泌乳牛对钠和氯的需要，钠应占饲料干物质的 0.18%，或者氯化钠占到日粮干物质的 0.45%。

(5)硫需要量　硫是含硫氨基酸的组成成分，也是某些维生素和酶的成分，在矿物质饲料中硫是维持和支持瘤胃微生物区系活跃生长的最重要的一种。缺硫的症状没有很特殊的表现，从而难以认定，但是缺硫日粮引起的结果是：干物质采食量降低，体重减轻、衰弱，到极度缺乏时死亡。已知缺硫使瘤胃微生物总数减少，种类也减少，于是形成的微生物蛋白量也减少，造成蛋白质营养不足。

日粮缺硫时纤维素消化率降低，血量下降，血清硫总量降低，同时血清尿素量上升，使血液乳酸盐和血糖上升。日粮中理想的硫含量是0.16%～0.24%。

妊娠母牛日粮中常量元素的供应在母牛临产前3周进行相应的调整，以适应分娩所引起的全身生殖激素的变化对消化生理的需要。

2. 微量元素

（1）铜的需要量　铜是合成血红素和维持结缔组织健康的重要元素。铜储存在肝脏并能立即动员到血液中。铜在日粮中的水平，周岁牛要求每千克不低于5毫克，青年母牛和成年母牛要求不低于2.5毫克，通常血浆的铜浓度为0.93毫克/升，能保持常值。日粮中铜的可利用率只有5%～10%，如果钼和硫的食入量异常的高，铜的消化率就会下降。建议铜的日粮浓度是每千克干物质10毫克。

青年牛最易受铜缺乏之害，症状是腹泻、羸弱、被毛褪色，腿骨变形；有时母牛不孕，也有心脏组织萎缩和纤维化的报道，这是引起猝死的原因。当牧草每千克干物质含铜7～10毫克、含钼10～15毫克时，青年牛就出现体质羸弱、毛色焦黄、关节水肿等症状。钼是铜的拮抗物，当每千克饲料的铜含量低于10毫克的时候，必须加铜元素，使铜与钼之比大于4∶1。

母牛采食的饲粮每千克含80毫克铜时，为安全剂量。铜中毒的表现是生长减缓、血红素降低、红细胞质量下降、肝脏内铜储量上升。

（2）钼的需要量　钼是与能量代谢、生长和铁元素代谢有关的3种酶的必需微量元素。反刍动物对钼的需要量大致是每千克饲料含 0.5 毫克。钼的问题主要是中毒问题,当铜与钼之比为 1∶2 时,或者每千克饲粮中钼含量大于 5 毫克时就会出现铜缺乏症,如被毛褪色、腹泻等。防止的办法是补充铜元素添加剂。

(3)铁的需要量　铁的功能是参与血红蛋白和肌红蛋白及多种酶的合成,在牛的常规饲料中很少缺铁。

牛奶是铁元素含量稀少的物质,每千克只含 0.18～0.31 毫克。奶中铁只有 25%是犊牛可吸收的。犊牛每天只喂牛奶时必须补饲 30 毫克铁元素。对于成年牛建议饲喂量为每千克干物质 30 毫克。铁含量多会降低肝脏中铜和锌的含量水平。因为铁化合物的化学成分不同,每千克含铁化合物 500～1 000 毫克的日粮可以满足泌乳牛的需要量,一般不需添加铁元素。

(4)钴的需要量　钴是瘤胃微生物合成维生素 B_{12} 的组成成分。泌乳母牛对日粮干物质要求含钴 0.07～0.1 毫克/千克。缺钴症的症状是食欲减退,产奶量下降,被毛杂乱,甚至贫血。要避免上述问题的出现有效的办法是每 100 千克食盐中拌入 40～50 克碳酸钴。由于钴是难以贮藏之物,必须现用现配。当每头牛的饲料干物质采食量增加时,钴的添加量也要相应增加。

钴中毒的症状是采食量下降、贫血、红细胞增多、运动失调和过量流涎。钴的最高安全量被认为是每千克日粮干物质含 20 毫克。

(5)锰的需要量　锰的作用与生长、骨骼发育、繁殖和中枢神经系统等功能有关。目前尚未搞清其作用原理。缺锰会引发的症状有犊牛出生时前肢软弱、青年母牛和经产牛表现静发情与繁殖性能不良。当日粮中高钙和低磷时对锰的需要量提高。

当日粮中粗饲料部分每千克干物质含 40～60 毫克锰时就足够了。一旦粗饲料锰含量少于 40 毫克/千克时，要在每 100 千克的矿物质添加剂中加 1 千克硫酸锰；若含量少于 20 毫克/千克时，要加 2 千克硫酸锰，此时该矿物质添加剂含锰为 0.62%。虽然对于锰过量的危害尚待研究，但是日粮中锰含量不要高于 1000 毫克/千克。

(6)锌的需要量　锌能促进动物生长，影响细胞生长、分裂，参与激素的合成和激活其活力，与食欲、消化功能关系密切，对于皮肤及其衍生物(被毛、蹄、角)的生长、创伤的愈合有很大作用，能促进骨骼生长发育。锌是能促进机体免疫系统活力，提高防疫功能的重要微量元素。锌是胸腺素的组成部分，胸腺是一种调节细胞免疫能力的激素。缺锌时胸腺素免疫功能减弱，淋巴细胞的转化率降低，肠系膜的淋巴结、胸腺、脾脏等重量明显减少，可减少 20%～40%。

缺锌时动物的食欲减退，皮肤增厚，出现角质化不全症，发生蹄质腐烂，乳腺受到创伤时，愈合能力减弱，增加受感染机会。缺锌时骨骼生长缓慢，出现骨折后不易愈合，四肢易出现弯曲，发生关节僵硬。缺锌也使繁殖功能下降，临产母牛血液含锌量下降到每升 1.1～0.75 毫克时，影响产后子宫恢复。锌是许多酶的组成成分，与其他微量元素一起参与激素的作用过程，对内分泌腺的构造、功能，激素的代谢，生物效应及相关器官的生理状态都有影响。锌与维生素互相促进，维生素能促进对锌的吸收利用。锌又能维持血液中维生素 A 的浓度。锌缺乏则甲状腺发育受影响，也影响二磷酸肾上腺素的合成。补锌能促进胎儿发育，防止死胎和不孕。健康母牛血清锌含量为每升 0.6～1.4 毫克。通常泌乳母牛的饲料中，每千克干物质需含50毫克的锌。锌含量过高会影响铜和铁的吸收，通常认为每千克日粮干物质中含1 000毫克锌时，短时期内不会中毒。母牛对缺锌的受害程度比公牛大。

(7)碘的需要量　碘是甲状腺素的组成成分之一，参与动物的新陈代谢。妊娠母牛日粮严重缺碘，可造成新生犊牛死亡、虚弱和甲状腺肿大。

通常初乳是富含碘的，但其含量在数天内迅速回落。犊牛得到的碘有10%来自于奶。致甲状腺肿的物质常常存在于某些饲料中，会引起缺碘，最简易的预防方法是在食盐中加进0.1%的碘化钾。

正常情况下，泌乳母牛需要在每千克饲料干物质中加0.8毫克碘盐，如果已知现用饲料中有致甲状腺肿物质，那么每千克饲料干物质中要加到2毫克。

碘中毒的剂量范围很宽，对牛来说在短期内日粮碘达到50毫克/千克时是可以耐受的。要注意的是，在治疗蹄质腐烂时不要用大量的碘酊，以免出现碘中毒现象，如采食量锐减，大量流涎、流泪、流水样鼻涕等。

(8)氟的需要量　至今对氟的最低需要量和氟缺乏症都不清楚，但氟中毒现象较多见，氟中毒见之于工业污染引起的报道。我国有不少高氟地区，饲养奶牛则要预防氟中毒。泌乳母牛对氟的耐受量为每千克饲料干物质含可溶性氟30～50毫克。水中含氟量是必须考虑的。氟中毒症状有采食量下降、肢腿僵硬、骨节肿大、尾节骨软化甚至萎缩、肋骨软化等，泌乳母牛站立不起，直至衰弱而死亡。

(9)硒的需要量　硒是家畜必需的微量元素之一，硒是谷胱甘肽过氧化物酶的组成部分，是细胞抗氧化系统中的一个重要组分，硒本身能加速氧化物的分解，在细胞内起抗氧化作用。它与维生素 E 共同作用，能防止不饱和脂肪酸过氧化物的生成，在细胞中引起抗氧化作用，两者不能互相替代，而是起协同作用。

硒参与体内多种新陈代谢活动，是某些酶的组成部分，是肌肉活动力的重要功能元素。缺硒对繁殖起不良作用，使胎衣不下发生率增加，使初生犊牛衰弱，无站立能力，缺乏生命力，引起犊牛白肌病。补硒能强壮心脏搏动力，提高分娩时的宫缩力和胎犊活力而起到保护母牛，提高犊牛成活率的作用。硒对于泌乳母牛可起到降低乳腺炎发生率，减轻其严重程度，提高嗜中性白细胞的杀伤力。硒又具抗癌作用，还对重金属中毒起缓解作用。

奶牛日粮中硒的含量为每千克干物质 0.1 毫克。硫的含量过高会对硒的吸收起干扰作用。牛奶中硒含量很低时，在每千克饲料干物质中添加硒 0.15～0.3 毫克，以改善其成分。对于缺硒地区，临产母牛日粮中，每千克干物质应加进 5 毫克硒，能起到保护母子的作用。但是不能太高，以免引起中毒，如导致蹄质生长异常，破坏外周血液循环等。

母牛日粮中添加微量元素预混料时，必须严格控制在表 2-14 所示的耐受量之内，超量使用不但牛会发生中毒，排泄物中过多的矿物质对环境也是污染，补充时应该在需要量范围内调剂。

表 2-14　母牛每千克日粮微量元素需要量和耐受量　（毫克）

名　称	需要量	耐受量
钴	0.07～0.10	20
铜	10	80

续表 2-14

名　称	需要量	耐受量
碘	0.8～2.0	20～50
铁	30	400～1000
锰	40～60	1000
钼	0.5	5～50
硒	0.1～0.15	3～5
锌	50	500～1000

注：转载自 Neathery. M. W. 1976，J. Anim. Sci. 43：328

(五)维生素需要量和保健作用

在防止繁殖疾病、保证母牛高产和提高受孕率方面有特殊功能的主要维生素种类有维生素 A、维生素 D 和维生素 E。

1. 维生素 A　维生素 A 又称抗传染病维生素和抗干眼病维生素。它能维持正常视觉，参与动物上皮组织和黏膜的形成，并起保护作用。它通过调节激素功能促进机体的正常发育(包括骨骼组织的发育)；增强机体抗病力，促进细胞免疫功能；维持良好的繁殖功能。缺乏维生素 A 首先使上皮组织角质化，使呼吸道黏膜退化而致病。维生素 A 含量中度不足常出现夜盲症，严重缺乏时易造成流产、胎衣不下、犊牛的发病率和死亡率上升。

母牛干奶期乳腺进入周期性回缩，干奶末期乳腺又开始迅速形成新的组织，新上皮组织形成必须有大量的维生素 A 参与。干奶期维生素 A 的大量投入是为了促进乳腺的生长发育(为高产创造条件)和降低乳腺感染、乳腺炎和胎衣不下的发生率。同时防止干眼病、痉挛和麻痹症的发生。

胡萝卜素，又称维生素 A 原，是维生素 A 的前体，每 1 毫克胡萝卜素相当于400单位的维生素A，牛每100千克体重需要10.6毫克胡萝卜素。该营养物质贮存在肝脏，在维生素A不足时能转化为维生素A起到调剂作用。在血液检验时，每100毫升血中只含100微克胡萝卜素时说明缺乏。泌乳母牛每100千克体重要求补饲13～15毫克胡萝卜素。当粗料为黄贮或库存很久的饲料时，每千克精料建议添加7 000单位的维生素A。

2. 维生素D 维生素D又称抗佝偻病维生素，能促进动物对钙、磷的吸收，维持血液钙、磷浓度的恒定，促进妊娠，将钙元素输送到胎儿体内，调节细胞生长分化和增强免疫功能，对防止胎儿畸形、避免犊牛佝偻病和母牛产后瘫痪起重要作用，并能调节钙、磷在尿中的排泄。

如果没有维生素D，钙的吸收率不到20%，添加维生素D以后钙的吸收率提高50%～60%，当磷缺乏时也能提高磷的利用率。对于奶牛来说，单纯靠日光浴在皮肤中合成的维生素D不足以维持对磷的吸收，补饲维生素D十分重要。

临产前24～48小时若能提供丰富的维生素D，达到$10\times10^6\sim30\times10^6$单位，就能保证分娩母牛充分吸收磷、钙，喂后的第三天开始就能使母牛具有抵抗发生乳热症的能力。一头高产奶牛有时会出现短暂的维生素D缺乏症，此时添加上述的高剂量维生素D是避免突然引发繁殖病的可靠措施。

在预防佝偻病和溶骨病方面，注射5万～25万单位维生素D_3，可以治疗犊牛佝偻病；用50万～1 00万单位可以治疗成年母牛的骨质溶化病，如尾椎溶化、肋骨溶化、腰椎溶化等。

一般的产奶母牛建议日喂4 000～7 000单位维生素D。如果母牛日产奶30千克，每3千克奶喂1千克配合料的话，应该在每千克饲料中添加600单位的维生素D。

3. 维生素 E 维生素 E 又称生育酚，是生育三烯酚的脂溶性化合物。它是重要的抗氧化物，能保持细胞的完整性，免遭过氧化物的损害，能维持家畜正常的繁殖力，促进机体免疫机制的形成。维生素 E 不足可降低 B 细胞和 T 细胞的免疫反应，影响吞噬细胞的吞噬和杀死病菌的能力。缺乏维生素 E 和缺硒会使幼畜的肌肉萎缩，发生白肌病。硒和维生素 E 有互相促进效益的作用，对有机体整体健康、繁殖力具有明显的改善效应。添加维生素 E 能降低乳腺炎的发生，避免奶变味，以及预防受胎率降低和引发胎衣不下。在饲喂青贮饲料时，除添加维生素 E 以外还必须添加维生素 A 和维生素 D。长年使用库存时间长的草料或长期饲喂青贮饲料时，除添加维生素 E 以外还必须添加维生素 A 和维生素 D。在饲喂新鲜牧草时，则不必补饲。舍饲期必须在精料中补充维生素 E，奶牛的添加量为每千克混合料 15 个单位。

在奶牛饲养上，按国际上公认的美国科学院全国研究理事会(NRC)标准建议的奶牛干奶期和泌乳期的维生素、微量元素量如表 2-15。

表 2-15 干奶牛、泌乳牛维生素、微量元素需要量

名 称	干奶牛（妊娠 270 天）	泌乳牛（产奶 25 千克/日）	增或减
维生素 A(单位/日)	82600	75000	+10%
维生素 D(单位/日)	21500	21000	+2.4%
维生素 E(单位/日)	12020000	5450000	+121%
铁(毫克/日)	178.1	249.7	−29%
铜(毫克/日)	178.1	223.3	−20%
碘(毫克/日)	5.48	12.18	−55%

续表 2-15

名　称	干奶牛（妊娠 270 天）	泌乳牛（产奶 25 千克/日）	增或减
锰（毫克/日）	246.6	284.2	−13%
锌（毫克/日）	301.4	873	−65%
钴（毫克/日）	1.507	2.23	−32%
硒（毫克/日）	4.11	6.09	−33%

按要求添加市售维生素时，以上 3 种维生素添加剂含量和规格可参考表 2-16。

表 2-16　维生素 A、维生素 D 和维生素 E 添加剂的规格及质量要求

名　称	外　观	粒　度（万个/克）	含　量	容　量（克/毫升）	水溶性
维生素 A 乙酸酯	淡黄到红褐色球状颗粒	10～100	50 万单位/克	0.6～0.8	可在温水中弥散
维生素 D_3	奶油色细粉	10～100	10 万～50 万单位/克	0.4～0.7	可在温水中弥散
维生素 E 乙酸酯	白色或淡黄色细粉或球状颗粒	100	50%	0.4～0.5	吸附制剂不能在水中弥散

表 2-16 中 3 种维生素的重金属含量每千克不得超过 50 毫克，含碘盐不得超过 4 毫克。水分含量，维生素 A 不能高于 5 %，维生素 D 和维生素 E 不能高于 7%。

在选用矿物质饲料和添加剂时，可按表 2-17 所列盐类中选择，各种元素含量列于表右侧。

表 2-17 几种矿物质饲料的元素含量 （%）

名　称	化学式	元素含量(%)
蚌壳粉	—	Ca=23.5～46.5
贝壳粉	—	Ca=32.93～34.76；P=0.02～0.03
蛋壳粉	—	Ca=25.99～37.0；P=0.10～0.15
碳酸钙	$CaCO_3$	Ca=40
骨　粉	—	Ca=29.23～36.3；P=13.13～16.37
蛎　粉	—	Ca=39.23；P=0.23
石　粉	—	Ca=32.5～55.7
磷酸钙	$Ca_3(PO_4)_2$	Ca=38.7；P=20.0
磷酸氢钙	$CaHPO_4 \cdot 2H_2O$	Ca=18.0；P=23.2
过磷酸钙	$Ca(H_2PO_4)_2 \cdot H_2O$	Ca=15.9；P=24.6
磷酸钠	$Na_3PO_4 \cdot 12H_2O$	P=8.2；Na=12.1
磷酸氢二钠	$Na_2HPO_4 \cdot 12H_2O$	P=8.7；Na=12.8
氯化钠	$NaCl$	Na=39.7；Cl=60.3
硫酸亚铁	$FeSO_4 \cdot 7H_2O$	Fe=20.1
碳酸亚铁	$FeCO_3 \cdot H_2O$	Fe=41.7
碳酸亚铁	$FeCO_3$	Fe=48.2
氯化亚铁	$FeCl_2 \cdot 4H_2O$	Fe=28.1
氯化铁	$FeCl_3 \cdot 6H_2O$	Fe=20.7
氯化铁	$FeCl_3$	Fe=34.4
硫酸铜	$CuSO_4 \cdot 5H_2O$	Cu=39.8；S=20.06
氯化铜	$CuCl_2 \cdot 2H_2O$(绿色)	Cu=47.2；Cl=52.71
氧化镁	MgO	Mg=60.31

续表 2-17

名　称	化 学 式	元素含量(%)
硫酸镁	$MgSO_4 \cdot 7H_2O$	Mg=20.18;S=26.58
碳酸铜	$CuCO_3 \cdot Cu(OH)_2H_2O$	Cu=53.2
氢氧化铜	$Cu(OH)_2$	Cu=65.2
氯化铜(白色)	$CuCl_2$	Cu=64.2
硫酸锰	$MnSO_4 \cdot 5H_2O$	Mn=22.8
碳酸锰	$MnCO_3$	Mn=47.8
氧化锰	MnO	Mn=77.4
氯化锰	$MnCl_2 \cdot 4H_2O$	Mn=27.8
硫酸锌	$ZnSO_4 \cdot 7H_2O$	Zn=22.7
碳酸锌	$ZnCO_3$	Zn=52.1
氧化锌	ZnO	Zn=80.3
氯化锌	$ZnCl_2$	Zn=48.0
碘化钾	KI	I=76.4;K=23.56
二氧化锰	MnO_2	Mn=63.2
亚硒酸钠	$Na_2SeO_3 \cdot 5H_2O$	Se=30.0
硒酸钠	$Na_2SeO_4 \cdot 10H_2O$	Se=21.4
硫酸钴	$CoSO_4$	Co=38.02; S=20.68
碳酸钴	$CoCO_3$	Co=49.55
氯化钴	$CoCl_2 \cdot 6H_2O$	Co=24.78
碘化盐	—	Na=39; Cl=59; I=0.004

(六)产房期饲养管理及日粮配方

1. 饲养管理　奶牛饲养中饮水有非常重要的意义。奶牛的采食量与饮水量相辅相成，干渴的情况下，奶牛食欲也不佳。当日粮中粗蛋白质含量比较高的时候，奶牛的饮水量也增加，日粮水分比较高时，如饲喂优质玉米青贮，饮水量就低一些。夏季奶牛的饮水量也很高。为使母牛按需饮水，在管理上应提供自由饮水条件。在冬季，水温不能过冷，妊娠母牛饮过冷的水或冰碴水会引起流产，必须严加防范。

牛床铺草，是产前母牛的重要护理措施，给产前母牛设产房并铺褥草，创造一个卫生舒适的环境，是养好围产期母牛的重要环节。奶牛在干奶后2～3周时，乳房开始增大，临产前1周增大更明显，出现红肿，皮肤很细嫩，潮湿泥泞有硬杂物的地面，都会严重污染并损伤乳房，引发乳窦炎和乳房炎。

2. 日粮配方

(1)产犊后母牛干物质采食量的估算　母牛围产期的时间不长，生理变化很大，对饲喂量和品质有特殊要求，一般可以按5个阶段来调整饲喂量，干湿饲料都按干物质计算，干物质采食量变化如表2-18所示。

表2-18　干物质采食量估计

时　期	约占体重的比率(%)
产前2～3周	2.0
产前1周	1.5～1.8
产后1周	2.5
产后2周	2.9
产后3周	3.4

临产前和产后，母牛食欲不佳，饲料的适口性很重要，要多用优质干草。母牛干奶后不能与泌乳母牛混群饲养，应在产房区饲养，产房内要设单独的圈床。

为使产犊后迅速增加产奶量、恢复体力和生殖生理功能，除提供营养均衡的日粮外，更重要的是改善日粮适口性，提高日粮采食量。采食量与产奶量的关系如表 2-19。

表 2-19 产犊后 3 周内母牛每日采食干物质量 （千克）

项 目	第一泌乳期			第二泌乳期		
产奶量	18	27	36	23	32	41
产犊后第一周	12.3	13.6	14.9	14.0	15.3	16.6
产犊后第二周	13.7	15.5	17.2	15.8	17.6	19.4
产犊后第三周	15.0	16.9	18.8	17.5	20.7	21.2

(2)*围产期日粮配方示例* 产后母牛由于开始泌乳，并且逐渐进入泌乳高峰，因此食欲逐渐增加，如表 2-18 和 2-19 所示，要逐步提高饲喂量。如第一泌乳期每日产奶可达 18 千克，产犊后第一周只喂 12.3 千克，到第三周就加到 15 千克。当第二泌乳期的牛预期可产奶 41 千克的牛，产后第一周只喂 16.6 千克，到第三周就得喂 21.2 千克。

日粮蛋白质需要量的估计，在产前 14～21 天粗蛋白质的每日需要量占日粮的 12%～13%，到产犊后提高到 14%～15%或更高，初产牛的日粮蛋白质要相应高 3%。

当日粮配方中干草喂量达到 4 千克以上时，豆科干草不宜超过 30%，而产犊 1 周后，苜蓿类豆科干草要逐渐增加。由于营养上一般要求有 60%～65%的粗蛋白质为降解性粗蛋白质，其中 40%～60%最好是可溶性粗蛋白质，所以这一阶段饲喂优质苜蓿具有非常好的饲料报酬，对提高产奶量有很好的效果。如果干奶期玉米青贮每日饲喂 13～14 千克，产犊后应提高喂量，以满足产奶对能量的需要。

混合精料的配比，随着泌乳高峰期的到来，也要做相应的调整。各阶段的日粮配方举例如表 2-20 所示,可供参考。

表 2-20 围产期各阶段日粮成分 (千克)

项目		干奶牛	围产牛		
			产前 15 天	产后 0～5 天	产后 6～21 天
日粮组成	精料	4.5	6	6.3～6.5	6.5
	添加料	—	—	0～1	2～2.5
	玉米青贮	17	15	13	15
	苜蓿干草	3～4	4～5	5～6	5～6
	糟粕	1.0	—	—	—
	青绿饲料	6～8	—	—	—
	合计	30～31	25～26	24.3～26.5	28.5～30.5
营养成分	干物质量	12～13	14～15	15	15～18
	NND/DM*	1.80	1.95	—	2.23
	粗蛋白质(%)	13～14	15～16	—	19
	钙(%)	0.6	0.4	—	0.9～1.2
	磷(%)	0.4	0.4	—	0.6
	粗纤维(%)	22	20	—	17
	钙、磷比	1.5∶1	1∶1	≥2∶1	1.5～2.0∶1
	精、粗比	30∶70	40∶60	—	45∶55

注:*奶牛能量单位/干物质量

产犊后应用带果穗的玉米青贮取代秸秆黄贮,没有青草的地方可增加苜蓿干草,日粮配方参见表 2-21。

表 2-21 产犊后 1～2 周的日粮配方 (千克)

饲料名称	产后 0～6 天	产后 7～15 天
玉米青贮	10	15
苜蓿干草	2	3

续表 2-21

饲料名称	产后 0～6 天	产后 7～15 天
玉　米	4.5	5.0
大豆粕	2.5	3.0
磷酸氢钙	0.15	0.2
碳酸钙	0.15	0.2

产奶量达到 20 千克时，精料的配比要注意各种添加剂的搭配。以下介绍秋冬季节添加剂的不同调配。

(3)复合添加剂配方　据王作洲等报道，秋冬季节对平均产奶 20 千克以上奶牛应增喂维生素 A、维生素 D、维生素 E、烟酸和矿物质预混料，在原有日粮精料(表 2-22)基础上添加维生素预混料和矿物质预混料添加剂。

表 2-22　秋冬季节精饲料日粮组成　(%)

饲料名称	秋 61 天(配方 1)	冬 120 天(配方 2)
玉　米	66.1	63.9
豆　粕	27.6	18.6
花生粕	—	10.3
芝麻粕	—	2.1
骨　粉	4.1	3.1
食　盐	1.0	1.0
小苏打	1.0	1.0

该配合精饲料每头每日 8.8 千克，青贮玉米秸 20 千克，啤酒糟(鲜)12 千克，花生蔓 3 千克，此日粮配方在产粮地区利用秸秆是具有代表性的。添加剂在配合精饲料中的剂量见

表 2-23 和表 2-24。

表 2-23 每千克精饲料维生素添加量

维生素名称	配方 1	配方 2
维生素 A(单位)	8000	12000
维生素 D(单位)	2000	3000
维生素 E(毫克)	20	25
烟酸(毫克)	15	20

表 2-24 每千克精饲料矿物质添加量

元素名称	配方 1	配方 2
镁(克)	—	4.5
钾(克)	—	1.5
铁(毫克)	50	40
钴(毫克)	0.6	1
铜(毫克)	10	12
锌(毫克)	60	100
锰(毫克)	40	80
碘(毫克)	0.8	0.6
硒(毫克)	0.45	0.5
铬(毫克)	—	0.5

在 180 天后,以不补饲添加剂的母牛作为对照组,泌乳后期平均产奶量为 22.9 千克,乳脂率 3.35%。增补添加剂的

两组，第一组平均产奶 23.87 千克，乳脂率 3.38%；第二组为 25.54 千克和 3.4%。对照组母牛因难产，产后瘫痪死亡 1 头。第二组中有 1 头因乳头坏死被淘汰，但无死亡。在繁殖率方面，对照组母牛产犊后第一情期受胎率为 32%，第一组为 53%，第二组为 41%；按总情期受胎率比较第一组为 67%，第二组为 64%，分别比对照组的 55%，提高 12% 和 9%。两个试验组的空怀期比对照组平均缩短 27.5 天。可见补喂添加剂对繁殖率和产奶量的提高作用明显。

在经济效益上两个试验组的牛每头平均增收 1 045 元。结合年度分析，第一组收益率提高 13.03%，第二组提高 24.04%。

三、奶牛日粮阴阳离子平衡技术

日粮阴阳离子平衡(DCAB)是高产奶牛关键饲养阶段即围产期营养平衡的最新技术，是考虑日粮中干物质、能量、蛋白质、矿物质、维生素等营养含量之外，还考虑日粮中阴阳离子之间的平衡关系。这些离子中钠、钾等饲料阳离子属于碱性，而氯、硫、磷等为阴离子，属酸性。当阳离子过剩时，血液 pH 值上升；而阴离子过剩时，血液 pH 值下降。这些离子间在日粮中的关系由于奶牛是处于泌乳或者干奶状态，会出现不同的比值。将每千克饲料干物质中钠、钾阳离子总和与氯、硫阴离子总和间的差异值称做日粮阴阳离子差(DCAD)值，以毫摩[尔]/千克饲料干物质(mmol/kg MD)来表示。

奶牛业中使用的饲料，按每千克饲料风干物质中常量矿物质元素钠、钾、氯三者来说，如果阴离子过剩，则奶牛的干物质摄入量和泌乳量都将增加，这对于泌乳母牛来说已达到适宜的日粮阴阳离子平衡状态。国际上公认的美国科学院全国研究理事会(NRC)标准推荐量为每100克饲料风干物质的阴阳离子差值是23.8毫摩[尔]。在实践中还要考虑硫等元素的成分,尤其是对于奶牛干奶期饲养,作用更大。

干奶期到了临产前的阶段,如果饲料阴阳离子处于碱性状态,如钠、钾过高,常常引发产乳热综合征,也称乳热症。当饲喂的碱性饲料达到449毫摩[尔]时,乳热症的发病率可高达47.4%。将其阴阳离子值调到-172毫摩[尔]时,在理论上发病率就减到0%。但饲料成分因时因地而异,情况比较复杂,所以生产上还会有乳热症的出现,然而实践证明,添加阴离子盐后,即使发生乳热症或乳房水肿等疾病,恢复也比较容易。

有实例证明,饲喂添加阴离子盐的日粮后,其日粮阴阳离子差值达到-25毫摩[尔],母牛乳热症发病率比较低,繁殖情况良好,随后的泌乳期产奶量都会有提高。反之,母牛的减产率可达32%~40%。在添加阴离子盐类后,能使母牛泌乳正常,不出现乳热症。

常用的阴离子盐有:氯化镁、硫酸镁、氯化钙、硫酸钙、氯化铵和硫酸铵。单一或两种以上混合使用均可。其中氯化钙具有很强的吸湿性,配料时困难较大,又因口感欠佳,使用时必须与适口性好的干酒糟类事先拌匀,然后再加到精饲料中,使牛能真正吃到嘴里。在日粮中不使用尿素或铵类氮素源的时候,用硫酸铵、氯化铵比较可取。而镁盐类对母牛矿物质代谢是有好处的,也可选用。选用什么盐类,价格自然是首要考虑的因素。

(一)添加阴离子盐类的方法

阴阳离子的调整需要一套营养学的知识，这是与调剂日粮其他营养成分完全不同的一套配料技术。

1. 经验添加量 根据奶牛产奶性能的高低，每个泌乳期产奶量在 8 吨以上的个体，据许多饲养场的实际补料结果，每日添加量 80～100 克，可以大体满足临产前母牛日粮阴阳离子调整的需要。此法缺乏个体针对性。

2. 尿液 pH 值检测法 每个牛场饲喂的饲料种类有很大的区别，补喂的阴阳离子用量不能一概而论，要计算平衡的阴阳离子值又不是每家农户都能做到，所以在估计其添加量时，可以先检测该临产母牛的尿液 pH 值。如果尿液 pH 值高于 6.7，说明现用的日粮配方所含的阴离子盐对奶牛体内酸碱平衡的影响不大，不必再补喂调节离子的盐类；如果尿的 pH 值为 6～6.5，就应该补饲氯化铵等盐 60 克左右。如果尿的 pH 值到 5.5 或更低，务必添加有关盐类。

3. 日粮成分定量计算 这是按照个体产奶性能高低，精确计算的配料方法。

按干奶期临产前 8～10 天时饲喂的日粮做具体计算。现举例如下：产前母牛的日粮配方为玉米青贮 10 千克，酒糟 5 千克，苜蓿干草 2 千克，精饲料 5 千克。精饲料的成分为玉米 55%，燕麦 5%，大麦 12%，豆粕 26%，鱼粉 2%。由于大多数饲料的阴阳离子含量是基本不变的，除了玉米青贮、牧草等类，因收割时间或者原产地土壤条件不同会有区别外，一般可以参考下表 2-25 的数据。

表 2-25　奶牛常用饲料原料的阴阳离子值*

饲料原料	钠(Na^+)	钾(K^+)	氯(Cl^-)	硫(S^{2-})	DCAD 值
苜蓿(晚花期)	0.15	2.5	0.34	0.31	+431
猫尾草(晚期)	0.09	1.6	0.37	0.18	+233
玉米青贮	0.01	0.96	—	0.15	+157
玉　米	0.03	0.37	0.05	0.12	+19
燕　麦	0.08	0.44	0.11	0.23	−27
大　麦	0.03	0.47	0.18	0.17	−23
酒　糟	0.10	0.18	0.08	0.46	−220
豆　粕	0.03	1.98	0.08	0.37	+267
鱼　粉	0.85	0.91	0.55	0.84	−77

注：饲料的阴阳离子平衡值(DCAD)单位为每千克饲料干物质中的毫摩[尔](mmol)的值

根据上表先算出每千克精饲料日粮阴阳离子平衡值，接着算出日粮阴阳离子平衡值，再算出距离调整目标相差的日粮阴阳离子平衡值，然后根据氯化铵的日粮阴阳离子平衡值比例，计算出日粮中应该添加的阴离子盐的使用量，计算步骤如下。

(1)计算每千克精料阴阳离子平衡值　从精饲料中各种原料的配比和表 2-26 中日粮阴阳离子平衡值，得到每千克精饲料中各种原料的阴阳离子平衡值。如玉米为+11.23，豆粕为+63.28，等等，累计得+69.39，即为每千克精饲料阴阳离子平衡值。

表 2-26　每千克精饲料阴阳离子平衡值计算

（毫摩[尔]/千克饲料干物质）

精料中的成分	玉　米	豆　粕	燕　麦	大　麦	鱼　粉	合　计
配比(%)	55	26	5	12	2	100
各种原料的阴阳离子平衡值	+19	+267	−27	−23	−77	—
每千克精饲料阴阳离子平衡值	+10.45	+69.42	−1.35	−2.76	−1.54	+74.22

(2)计算日粮的阴阳离子平衡值　将精饲料阴阳离子平衡值代入表 2-27，与粗料合计，得＋1247.74，即日粮 DCAD 值。

表 2-27　日粮阴阳离子平衡值计算

项　目	青贮玉米	酒　糟	苜蓿干草	精　料	合　计
各种饲料的用量(千克)	10	5	2	5	—
各饲料干物质含量(%)	25	20	85	90	—
各饲料的阴阳离子平衡值	+157	−220	+431	+74.22	—
各原料阴阳离子平衡值	+392.5	−220	+732.7	+333.99	+1239.19

(3)调整目标阴阳离子平衡值的差距　调整后日粮阴阳离子平衡值差＝目标阴阳离子平衡值－调整前奶牛日粮的阴阳离子平衡值。按前二步计算，当目标阴阳离子平衡值为－150时，代入上式为－150－1239.19＝－1389.19。

(4)所用阴离子盐的阴阳离子平衡值　计算该值用下列公式：

（毫摩/千克饲料干物质）＝[(Na^+＋K^+)－(Cl^-＋S^{2-})]＝[(%

$Na/0.0023)+(\%K/0.0039)]-[(\%Cl/0.00355)+(\%S/0.0016)]$

因氯化铵中的阴离子为氯离子，故以氯占氯化铵的百分率被 0.00355 除，得 18690。

将其记入下表。因为各种阴离子盐是化学物质，分子结构是衡定的，其阴阳离子平衡值也是不变的。可以直接参照下表(表 2-28)数据。

表 2-28 几种阴离子盐类的阴阳离子平衡值

阴离子盐名称	阴阳离子平衡值
氯化铵	18690
氯化钙	12914
氯化镁	9942
硫酸铵	7590
硫酸钙	5812
硫酸镁	4062

由表 2-28 可见，氯化铵的阴阳离子平衡值最高，其调剂力度最大，其他盐类依次递减。1 克氯化铵能抵 4 克硫酸镁的作用，然而镁有特殊的功能，同时，硫酸根可以避免氯的过量，混合使用别具优势。不能完全按阴阳离子值来理论。

(5)计算日粮中应该添加的阴离子盐用量　该计算用下列公式：

日粮中应添加的阴离子盐用量(千克)＝日粮阴阳离子平衡值差÷所用阴离子盐阴阳离子平衡值

即 1389.19÷18690＝0.07433(千克)≈74(克)，取整数。

结果是：在现用日粮中加入 74 克氯化铵，就可以把日粮的阴阳离子平衡值调整到－150 毫摩/千克饲料干物质。

如果用氯化铵和硫酸镁各一半，那么上式的分母，由氯化铵的一半（18690÷2＝9345）和硫酸镁的一半（4062÷2＝2031）之和来代替，即11376来代替，则其用量为1389.19÷11376≈0.122（千克）＝122克。即两种盐各用61克即可。

以上配方在有电脑的条件下可用EXCEL软件进行运算，在中国农业科学院畜牧研究所反刍动物研究室（李大刚）及许多高等院校都可以咨询。

（二）使用阴离子盐添加剂的注意事项

第一，这种调剂工作只针对临产前2周到产犊的母牛，通常用于经产母牛。一般不超过21天。

第二，日粮中一些元素的含量有一定的浓度范围，如日粮中的硫（S）含量应达到0.4％，镁（Mg）不能超过0.4％，氯（Cl）不超过0.8％。因此，按日粮成分定量计算是最可靠的。如氯含量过高将影响采食量，此时必须用其他含硫的阴离子盐，以免母牛拒食而极大地影响健康。

第三，测定尿液pH值，可以了解奶牛体内酸碱平衡状况，自备一些石蕊试纸用来测pH值，值得推广。

第四，日粮中非蛋白氮饲料，如尿素、硫酸铵等不要超过日粮总氮量的25％，尿素类日喂量高于100克时，加铵类阴离子盐会引起尿素中毒。

第五，喂用阴离子盐的次数最好每天2次以上。由于一些盐类的适口性不好，要在饲喂前先混入精饲料，有酒糟类饲料时，先与其混合均匀有良好的效果。日粮中有苜蓿或豆饼类饲料时，可以提前撤除。

四、非玉米产区同样可以养好高产奶牛

下面以日产奶量达到 40 千克的奶牛日粮做介绍。

对于日产奶量达到 40 千克，乳脂率为 3.7%的荷斯坦奶牛，加拿大萨斯喀彻大学使用的配方，以粗饲料与精饲料比为 50：50(干物质)计算，日粮组成为大麦青贮 19 千克，苜蓿干草 5 千克，脱水苜蓿 2 千克，混合精料 14 千克。混合精料组成见表 2-29。

表 2-29　日产奶量 40 千克的精饲料组成

饲料名称	饲喂量(千克/日)	配比(%)
大　麦	7.98	57.0
小　麦	0.48	3.4
燕　麦	0.70	5.0
菜籽饼	1.47	10.5
豆　饼	1.35	9.6
晒干小麦酒糟	0.60	4.3
玉　米	0.33	2.4
矿物质、维生素预混料	0.42	3.0
糖　浆	0.30	2.1
食　盐	0.10	0.7
食用油	0.07	0.5
动物脂肪	0.11	0.8
其　他	—	0.7
合　计	13.91	100

该日粮组成的特点是，饲料种类很多，与我国用玉米当作精饲料主体的做法有很大的不同，其优点是多种原料搭配的氨基酸平衡更理想。另一特点是日粮中注意能量饲料的添加。饲喂方法是全混合料，不是精料和粗料分别添加。日粮中青贮、糖浆、食用油等都已均匀拌入，使日粮水分含量在30%～35%，适口性好，饲料不会有剩余，这样可以保持全泌乳期产奶性能更加稳定，保证了全泌乳期产奶量超过 10 000 千克。

大麦青贮的使用说明了非玉米产区和其他禾本科饲料产区养奶牛都是可行的，突破了我国奶牛户的一种误解，即只有种玉米的地方才养奶牛。不少非玉米产区能种大麦，加上黑麦草、冬牧 70、小黑麦等优质高产牧草适宜于更贫瘠的土地上种植，都可用于奶牛业。因此，我们可以在更多的地方养殖高产奶牛。

五、我国高产奶牛饲养经验

有些人总认为进口的荷斯坦奶牛才是高产的，却不知我国多年培育的中国荷斯坦奶牛同样具有极高的产奶水平。20世纪 90 年代中期，我国许多地方的黑白花奶牛一个泌乳期的产奶量才达到 6 000 千克，只有大城市郊区少数牛群平均产量超过了 7 000 千克。新疆呼图壁种牛场的奶牛群体平均产奶量达到了 8 700 千克，其中包括由从美国、加拿大、日本引进的优秀种公牛的冻精选配的后代，但基础群是北京和上海培育的种牛后代。1955～1965 的 10 年内，360 头奶牛历年平均产奶量为 4 300 千克，到了 1995 年，600 头奶牛的年平均产奶量为 8 700 千克（表 2-30）。

表 2-30　各年度成母牛年单产 *　（千克/头）

项　目	1955～1965	1966～1975	1976～1985	1986～1990	1991～1993	1994	1995
头　数	360	450	620	700	770	761	600
年单产	4300	5500	6100	6500	7200	7930	8700

注 * 引自李树本．培育高产牛群的措施

达到这样高产的成绩，并不是只重视对泌乳母牛，或只对泌乳高峰期母牛的营养，而首先是加强对犊牛的培育，才取得以上成绩的。犊牛各生长阶段的日粮配比和营养成分要求如表 2-31。

表 2-31　呼图壁第三牧场后备牛日粮组成及营养水平

月龄	日粮与喂量（千克/日头）						营养成分					
	混合精料	牛奶	苜蓿干草	玉米青贮	胡麻饼	胡萝卜	干物质（千克）	奶牛能量单位（个）	产奶净能（兆焦）	粗蛋白质（克）	钙（克）	磷（克）
1～6	1.0	3.0	1.4	—	—	—	2.56	5.42	16.82	318.19	29.42	14.21
7～12	2.11	—	2.95	12.45	—	0.18	7.76	12.6	39.1	880.69	65.99	28.6
13～18	2.3	—	3.65	14.0	0.2	0.2	9.64	15.34	47.65	1063.7	78.82	33.25
青年牛	2.54	—	5.23	12.0	1.2	0.4	11.82	18.63	57.49	1071.47	100.82	39.36

从表 2-31 我们可以看到日粮配方的特点，不是我们在农区常见的以干枯玉米秸秆为主的粗料加上单一的玉米，而是用丰富的苜蓿干草、甜菜和胡萝卜。全场每年为牛提供的这些饲料，苜蓿干草多达 3 000～4 000 吨，甜菜 500 吨，胡萝卜达 200 吨。优质的全株带穗玉米青贮达 9 000～10 000 吨。全由混合饲料车间负责供应。

犊牛出生后，哺乳期为 3 个月，每天人工哺喂牛奶 3 千克，1 周后给混合精料，用优质苜蓿干草诱饲小犊牛，到满 6 月龄后转入育成母牛群饲养。

饲养管理上他们采取的方式是：分阶段、分群饲养，1～6

月龄分 3 个组，7～12 月龄分 2 个组，13～18 月龄为一群体，19 月龄至投产前为一群体。除 1～6 月龄为散养外，其他各阶段的牛均采用定位、定食、定量饲养。从 7 月龄开始，每天对母牛进行 2～3 分钟的乳房按摩，促进乳腺充分发育，从小训练，待投产后，奶牛既温驯又高产。每月进行体尺测量、称重、体膘评估，对发育差的个体筛选淘汰，并按时转群，按饲养标准配制日粮。留下的为后备母牛。

据李景芳的总结，新疆高产奶牛培育经验中，呼图壁高产奶牛的经验值得介绍。

(一)优质粗饲料在提高牛奶产量上的作用

苜蓿干草和玉米青贮是饲喂奶牛最好的粗饲料和多汁饲料，国内外发展奶牛业的经验充分说明，要提高奶牛产量必须贮备足够数量的苜蓿干草和玉米青贮饲料。我国《高产奶牛饲料管理规范》(以下简称《规范》)中也明确规定，1 头高产奶牛每年应贮备青干草(应有一定比例的豆科干草)1 100～1 850千克、玉米青贮 10 000～12 500 千克。分析呼图壁种牛场的奶牛典型日粮可以看出：1975 年以前粗饲料以玉米秸黄贮为主，20 世纪 80 年代以后才逐渐被全株玉米青贮和苜蓿干草所代替。1975 年、1985 年和 1995 年每头奶牛苜蓿干草的平均日喂量为 2.3 千克、4.2 千克和 4.8 千克，相当于每年每头牛 839.5 千克、1533 千克和 1 752 千克；玉米青贮的平均日喂量则分别为 0(当时只有玉米秸黄贮)、9.5 千克、16.8 千克，相当于每年每头牛 0.3 千克、3 467.5 千克、6 132.0 千克。1975 年、1985 年和 1995 年成母牛平均头年产奶量分别为 2 511.2千克、6 497.5 克和 8 628.6 千克，增涨幅度非常明显。优质粗饲料和多汁饲料饲喂量的增长，促进了奶牛产奶量的不断提高。

(二)改进混合精料配方,增加精饲料营养浓度

精饲料是奶牛日粮的重要组成部分。对于高产奶牛,精饲料在日粮中所占的比例有时达 50%,在泌乳盛期甚至达 60%以上。提高营养浓度是解决高产奶牛进食量和产奶量矛盾、避免出现营养负平衡的重要途径。呼图壁种牛场精饲料配方:20 世纪 70 年代(1976 年)精饲料所含原料种类较少,共 5 种,其中能量饲料玉米只占 36.1%,蛋白质饲料只有 1 种胡麻饼;80 年代(1986 年),精饲料中共含有 9 种原料,玉米的含量占 47%,蛋白质饲料中增加了营养全面、生物学价值高的鱼粉,矿物质中增加了含多种微量元素的添加剂;90 年代(1995 年)原料种类增加到 14 种,玉米含量占 48.9%,油饼(渣)类饲料中包括棉籽饼、大豆饼、红花饼、向日葵饼、菜籽饼,饲料的多种多样增加了营养的互补性。不同年份日粮精饲料的营养见表 2-32。

表 2-32　不同年份日粮精饲料所含营养

年　份	干物质(千克)	产奶净能(兆焦)	奶牛能量单位(个)	粗纤维(克)	粗蛋白质(克)	钙(克)	磷(克)
1976	6.79	49.4	15.7	811.6	1272.7	16.4	40.5
1986	8.14	59.3	18.9	819.2	1661.3	90.8	63.0
1995	11.10	90.6	28.9	1268.1	2522.0	122.4	86.3

从表 2-32 可以看出,1986 年、1995 年和 1976 年相比,日粮精饲料干物质采食量分别增加 19.9%,63.5%;奶牛能量单位分别增加 20.4%、84.1%;粗蛋白质分别增加 30.5%,98.2%。即,精饲料的营养浓度大幅度提高,保证了高产奶牛

的营养需要。

(三)适应高产奶牛生理需要调整日粮结构

高产奶牛特殊的生理功能对日粮结构有着严格要求。呼图壁种牛场在不同年份奶牛日粮结构有明显改变,详见表 2-33。

表 2-33　不同年份奶牛日粮结构

年份	奶牛体重(千克)	年产奶量(千克)	干物质采食量(千克)	每千克日粮干物质含				精、粗饲料干物质比	粗纤维占日粮干物质比(%)
				奶牛能量单位(个)	粗蛋白质(克)	钙(克)	磷(克)		
1976	450	4197.5	18.75	2.10	143.9	8.1	3.6	36.2∶63.8	25.4
1986	560	6497.5	16.21	1.97	198.0	11.6	5.0	50.2∶49.8	20.0
1995	625	8628.6	20.73	2.03	173.6	10.5	5.6	53.5∶46.5	19.5

注:王炳鑫提供

从表 2-33 可以看出,日粮结构的改变和《规范》对高产奶牛营养需要的要求逐渐接近。《规范》是 1985 年批准执行的国家专业标准,主要针对年产奶量 7 吨以上牛群(305 天产奶 6 吨相当于年产 7.18 吨)。呼图壁种牛场 1986 年头年均产奶量为 6 497.5 千克,与《规范》中奶牛泌乳中期营养需要相比,每千克日粮干物质含奶牛能量单位略偏低,而粗蛋白质和钙、磷则偏高。至 1995 年,头年均产奶量为 8 628.6 千克,参考《规范》中奶牛泌乳盛期的营养需要,则显得更为合理。例如,《规范》中奶牛日粮干物质应占体重的 2.5%～3%,逐渐增加到 3.5%以上,而实际平均数为 3.32%,粗蛋白质占 16%～18%,粗纤维不少于 15%,而实际平均数分别为 17.4%和 19.5%。《规范》中对日粮精、粗饲料比的要求是由 40∶60 逐渐变为 60∶40,实际平均数则为 53.5∶46.5。该资料可以大体上说明日粮营养结构变化逐渐符合高产奶牛的生理特点，使其生产潜力得以充分发挥。

（四）提高日粮营养水平

从以上分析不难看出，优质粗饲料比例的不断上升，日粮精饲料配方的改进和营养浓度的增加，日粮结构的改善，促成了整体日粮营养水平的提高，在此基础上，牛群的优良遗传潜力得以体现，产奶量达到了新水平。该场不同阶段日粮营养状况参见表2-34。

表2-34 3个时期奶牛日粮营养水平的改进

年份	项目	日粮营养水平						
		干物质采食量（千克）	产奶净能（兆焦）	奶牛能量单位（个）	粗蛋白质（克）	钙（克）	磷（克）	粗纤维（克）
1976	实际	18.75	123.8	39.4	2697.8	151.0	67.7	4762.5
	标准	11.55	75.8	24.1	1572.6	85.9	59.3	—
	相差	+7.20	+48.0	+15.3	+1125.2	+65.1	+8.4	—
1986	实际	16.21	100.1	31.9	3208.9	188.6	81.5	3237.6
	标准	14.72	96.0	30.5	2003.8	111.9	77.6	—
	相差	+1.49	+4.1	+1.4	+1205.1	+76.7	+3.9	—
1995	实际	20.73	132.4	42.1	3598.7	216.6	115.9	4048.5
	标准	17.36	116.2	37.0	2517.2	140.0	97.3	—
	相差	+3.37	+16.2	+5.1	+1081.5	+76.6	+18.6	—

在这个时期，平均日产奶量1976年为14千克，1986年为18.1千克，到1995年为24千克。1995年的产奶量分别比1976年高出71.4%，比1986年高出32.6%。

从表2-34可见，1976年的日粮能量远远高出需要量，粗蛋白质甚至高出71.6%，钙也高出75.8%，是极大的浪费，牛群的平均产奶量才 4 197 千克；1986 年的日粮，能量的配制基本合理，日粮粗蛋白质浪费比较大。饲养标准 1986 年水平比 1976 年高，平均产奶量提高到 6 497.5 千克。由于实际配料比较合理，饲料种类丰富，在按《规范》干物质供应提高 27.4%，奶牛能量单位提高 26.6%，粗蛋白质水平提高 27.4%的情况下，产奶量水平提高了 54.8%。到 1995 年饲养标准进一步提高，日粮的干物质量，能量标准设计基本合理，粗蛋白质进一步合理化的情况下，平均产奶量比 1976 年度增产 105.6%。

由于日粮配比越来越合理，饲料成分越来越多样化，到了 21 世纪初，全场奶牛平均头年产奶量已超过 9 吨。

(五)泌乳高峰期日粮配方

泌乳高峰期日粮，基本上按表 2-35 的营养水平配制。

表 2-35　呼图壁第三牧场母牛日粮组成及营养水平

饲料名称	日喂量(千克)	营养水平						
		干物质采食量(千克)	产奶净能(兆焦)	奶牛能量单位(个)	粗蛋白质(克)	粗纤维(克)	钙(克)	磷(克)
混合料	12.47	11.1	26.34	80.38	1964.85	1276.85	142.13	98.19
黄豆饼	1.82	1.65	4.8	15.09	782.6	103.74	5.82	9.1
苜蓿干草	4.1	3.82	5.58	17.47	444.03	1407.94	42.23	10.66
玉米青贮	17.23	5.13	6.72	21.02	373.89	1259.51	18.09	6.89
甜　菜	1.21	0.18	0.38	1.17	24.2	20.57	0.73	0.48
胡萝卜	0.2	0.02	0.06	0.19	2.2	2.4	0.3	0.18
合　计	37.03	21.9	43.88	135.32	3591.77	4071.01	209.3	125.49
标准需要		18.03	38.23	120.15	2596.85	3351.61	145.2	100.81
相　差		+3.87	+5.65	+15.17	+994.92	+756.76	+64.1	+24.68

泌乳高峰期日粮是奶牛高产的直接保证，此外优良种质的表现，还要依靠选种培育。

呼图壁牧场犊牛培育效果良好，成年母牛平均体重达到675千克，牛奶的平均乳脂率为3.2%～3.6%。在生产指标上，按成年母牛计算平均每日产奶达24千克，按泌乳牛计算达27.87千克；每千克牛奶耗料量按成年牛计算平均为0.594千克混合精料，按泌乳母牛计算平均为0.513千克。混合精料必须含有豆饼和其他饼粕。是一组值得借鉴的参考数据。在生产上全泌乳期产奶量的高低不完全取决于泌乳高峰期的日粮配方，还取决于各阶段饲养管理水平。

(六)高产牛群泌乳阶段划分及饲养要点

呼图壁种牛场的奶牛生产，将泌乳阶段划分为4个时期，即产后至15天为围产后期；产后16天至100天为泌乳盛期；产后101天至210天为泌乳中期；产后211天至停奶为泌乳后期。

1. 围产后期　产犊后母牛有腹空虚和疲乏感。此时饮喂麸皮汤(30℃～40℃温水20升，麸皮2千克，盐150克)。日3次喂料，3次挤奶。第一次挤奶2～3千克，第二次约挤出乳房容量的1/2，第三次约挤出2/3，24小时后，开始挤净。分娩后1～3天，精饲料喂量可达4千克左右，青饲、青贮10～15千克，干草2～3千克，并可适当喂给块根类或糟渣类饲料。第四天开始根据牛食欲、消化功能、乳房消肿、机体恢复情况，随产奶量上升，日增加精饲料0.5～1千克，至第七天达标准日粮给量(含每头牛日补优质蛋白质200～300克)，另加预支增奶料。

2. 泌乳盛期　为促进泌乳高峰较早出现，要随日产奶量的升高，每日增加预支增奶料，一直加到产奶量不再上升为止。同时应注意补充微量元素和加喂精饲料量1.5%的碳酸氢钠。

3. 泌乳中期 日粮的喂给除考虑产奶量的需要外，还要考虑恢复体况，应按日增重0.25～0.50千克的营养供给。

4. 泌乳后期 此期胎儿发育加快，日粮营养既要满足产奶量的需要，也要满足母牛0.5～0.7千克日增重的营养需要。

4个泌乳阶段的日粮组成和营养需要量参见表2-36，表2-37。

表2-36 泌乳牛日粮组成 （单位：千克）

泌乳阶段		日产奶量	精饲料	青贮或青饲	干草	块根	糟渣	备注
围产后期	产后0～6天	—	4.5	10.0	2.0	2.0	3.0	精饲料与鲜糟渣比1∶5～6
	产后7～15天	—	5.0	15.0	3.0	3.0	4.0	
泌乳盛期（乳脂率3%）		20	8.5	20.0	4.0	3.0	6.0	精粗饲料比65～70∶35～30，不超过30天，体重550～600千克
		30	10.0	20.0	4.5	4.0	8.0	
		40	12.0	20.0	5.0	5.0	10.0	
泌乳中期（乳脂率3.5%）		15	7.0	15.0	4.0	3.0	4.0	体重600～700千克，日增重0.25～0.50千克，产奶量月递减7%
		20	7.5	17.0	4.5	3.5	6.0	
		30	9.0	20.2	5.0	4.0	8.0	
泌乳后期		15	6.5	20.0	4.5	3.0	6.0	体重650～750千克，日增重0.5～0.7千克

高产奶牛泌乳阶段的饲养管理非常重要。饲养员、挤奶员应熟记各泌乳牛所处泌乳阶段，日产奶量增减变化，区别给料。精饲料拌湿喂，青贮应新鲜，堆放12小时以上不能喂，干草铡短10厘米左右。饲喂顺序先青、粗饲料后精饲料，多次少加勤添，不空槽不堆槽。

表 2-37 泌乳牛日粮营养需要表

泌乳阶段	日产奶量（千克）	干物质占体重（%）	奶牛能量单位（个）	干物质（千克）	粗纤维（%）	粗蛋白质（%）	钙（%）	磷（%）
产后0～6天	—	2.0～2.5	20～25	12～15	12～15	12～14	0.6～0.8	0.4～0.5
产后7～15天	—	2.5～3.0	25～30	13～16	13～16	14～17	0.6～0.8	0.5～0.6
泌乳盛期	20	2.5～3.5	40～41	16.5～20	18～20	12～14	0.7～0.75	0.46～0.5
	30	3.5以上	43～44	19～21	18～20	14～16	0.8～0.9	0.54～0.6
	40	3.5以上	48～52	21～23	18～20	16～20	0.9～1.0	0.6～0.7
泌乳中期	15	2.5～3.0	30	16～20	17～20	10～12	0.7	0.55
	20	2.5～3.5	34	16～22	17～20	12～15	0.8	0.6
	30	3.0～3.5	43	20～22	17～20	12～15	0.8	0.8
泌乳后期	15	2.5～3.0	30～35	17～20	18～20	13～14	0.7～0.9	0.5～0.6

在放牛进舍前5分钟，驱赶牛活动，促使其排粪尿，统一上槽。禁止打牛，进门时避免拥挤、顶撞，必须定位拴系，先刷拭，刷拭时从头颈到尾，由上背到四肢，并检查牛体有无异常。待尘埃消散后再挤奶。牛舍内严禁高声喧哗和带小孩。挤奶时不绑腿、尾，不得用奶或润滑油润滑奶头。挤奶要固定顺序，挤前用50℃的0.03%～0.04%漂白粉液或3%～4%次氯酸钠药液浸湿的热毛巾擦拭按摩乳房和乳头，先挤后两乳

头，再挤前两乳头。第一把乳汁挤入专用容器内。观察乳汁、乳房、乳头情况，发现异常另作处理。用掌握压榨式挤奶，随奶流旺而加快速度。挤净后用3%～4%次氯酸钠或0.5%～1%碘伏液药浴奶头，称挤奶量并登记。擦洗乳房的水，每擦3头牛换一桶清洁水，毛巾洗净再用。挤奶桶口用2层纱布进行过滤。每次用完纱布、毛巾、挤奶桶后，以清水—2%热碱水—清水的顺序洗净，再用3%～4%次氯酸钠液消毒，晒干或晾干备用。注意清扫堆料，特别是拌料房墙角，清除霉变料。

放牛后立即清扫牛床，清除湿褥草、粪、尿。牛在床位时，牛床上也不许有积粪，应及时刮入粪尿沟。每周用药液喷洒牛栏、墙壁，并用生石灰撒牛床消毒1次。牛舍保持空气清新、通风换气良好，冬季舍温0℃以上，夏季28℃以下。缰绳要保持完好，发现损坏应及时维修。

运动场保持平坦、干燥，不许有积水，以及粪块、石块、砖头等杂物。冬季清除积雪和冰粪块。饮水槽边不许有坑洼积水，槽水清新、不断，杜绝跑水。补饲槽应常有干草（铡短10厘米），每天清槽1次。围栏栏杆保持完好，不准用带刺铁丝。运动场有遮阳棚，周围排水沟通畅。

以上饲养、管理、卫生、消毒等工作是班长、技术工人、值班员的职责。同时要留意观察各自负责的牛发情、配种、妊娠情况及是否患子宫炎、乳房炎。第三、第六泌乳月做隐性乳房炎检查。对代谢病等先兆异常表现须及时报告有关技术人员。要协助技术人员做好测定、鉴定、配种、治病、防检疫、护理等技术工作。

技术人员按各自分工认真检查饲养、管理、配种、防、检、治、卫生、消毒等技术工作的贯彻执行情况，及时解决出现的问题。

六、干 奶 期

这是高产母牛的特殊饲养管理期，单独予以介绍。干奶期一般2个月，前45天为干奶前期，后15天为干奶后期（围产前期）。此期主要是恢复机体健壮，保障胎儿发育、安全产犊和为下一胎产奶做好准备。干奶期日粮组成和营养需要参见表2-38和表2-39。

表 2-38 干奶牛日粮组成

干奶期区分	干奶天数	精料	青贮、青饲	干草	块根	糟渣
干奶前期	0～45	4.0	15	4	3	4
干奶后期（围产前期）	46～60	4.5	10	3	2	3

表 2-39 干奶牛日粮营养需要

干奶期区分	干物质占体重（%）	奶牛能量单位（个）	干物质（千克）	粗纤维（%）	粗蛋白质（%）	钙（%）	磷（%）
干奶前期	2.0～2.5	19～24	14～16	16～19	8～10	0.8	0.6
干奶后期（围产前期）	2.0～2.5	21～26	14～16	15～18	9～11	0.3	0.3

干奶牛的饲养方法主要是减少日粮营养浓度，减小钙，不使牛过肥和胎儿发育过大。给料方法和顺序同泌乳牛。

在生产上有的母牛泌乳高峰持续期长，到泌乳后期产奶量依然很高。这种情况下，该牛的干奶期可以延长到70天，以利体力的恢复，以不影响下一个泌乳期的持续高产。在干奶前期日粮中粗纤维要达到日粮干物质的18%以上，精料总量按该牛体重的0.5%喂给，以防止出现肥胖症和皱胃变位。

母牛在干奶前期，苜蓿干草的日喂量可达5～6千克，青贮11.5～12.5千克，混合精料不低于3千克，实际营养成分为干物质11.37千克，奶牛能量单位18.5个（产奶净能57.41兆焦），粗蛋白质1 175克，钙103.44克，磷42.72克。

干奶期母牛的采食量按体重来估计，占其2.0%。计算公式是：

采食量＝体重×2.0%

例如，母牛体重650千克，其采食量为650千克×2.0%＝13千克。补喂的饲料量按干物质重量估计，范围是12～14千克。干奶期母牛日粮以粗饲料为主，粗、精之比为60∶40。在13千克干物质总量中，粗饲料干物质量为7.8千克，精饲料干物质量为5.2千克。这个时期粗饲料多用禾本科牧草，如秋白草，有羊草则更好。如果只有干枯的玉米秸、麦秸时，应混入苜蓿干草，如加5千克苜蓿干草。在有鲜割苜蓿草时，可日喂6～10千克。青贮玉米因水分含量高，可用5～6千克。精饲料的用量视母牛膘情而定，对体膘评分在3分以下的应多添精料，达到3.5分以上膘情的，可以将精料用量控制在5.2千克内。

七、奶牛乳房重度水肿的管理

围产期的饲养管理（分娩前后各15天左右）。在分娩前1周，母牛由大牛舍转入产房，由专人精心饲养与观察。产房要求消毒严格，整洁卫生。分娩前，在保证饲草充足供应的情况下，精料日喂量保持在牛体重的0.2%。这样有利于瘤胃微生物逐渐适应泌乳期的饲养条件。兽医人员视牛的状况，应提前做好分娩前后的疾病预防处理工作。特别在产后，应立即饲喂含盐20～30克、红糖约500克、麸皮约500克，用温水调和成糊液状的麸皮水，随后给优质苜蓿干草。根据乳房水肿程度，从产前7天计算，第一日饲喂精饲料量不能超过2.5千克，以后在此基础上每日增加0.5千克，到第七天，总精饲料量可达到6～6.5千克，使其逐步达到泌乳期的饲养水平。挤初乳方面，要注意在产后1～3天内不能一次挤净，以防血钙进入乳汁中而引起产后瘫痪或酮尿症等疾病。每次挤奶前后都需用55℃～60℃的温水进行整个乳区的擦洗按摩，以减轻乳房水肿造成的压力。切忌供给多汁饲料。当分娩2周后，在奶牛饮食、消化正常，恶露排净，乳房生理性肿胀消失的情况下，即可进入标准(常规)化饲养。

八、产房必备饲料

奶牛在围产期接近分娩前的7～14天，体内生殖激素的分泌发生巨大改变，食欲减少，对日粮的营养成分要求出现大幅度的变化，譬如说单位重量的日粮含蛋白质量要求提高约2%，泌乳净能增加0.923兆焦。因此选用什么粗饲料和精饲料，对减少分娩后母牛少得或不得繁殖疾病，提高整个泌乳期的产奶量有着非常重要的意义。产房必备的饲料种类及其饲喂要点如下。

(一)饲　草

1. 专用饲草　饲草占奶牛日粮干物质的主要部分，要选择适口性好，含钠、钾元素少的全株玉米青贮和禾本科牧草，如黑麦草的青贮或干草都是必备的优质饲草。禾本科牧草含有足够量的可消化纤维素，达到32%以上，其中中性洗涤纤维在65%以下，一天饲喂2～3千克优质牧草可以满足奶牛干奶末期粗纤维的需要，并防止皱胃移位病的发生。

2. 苜蓿干草 这是产犊后1～3周内的专用牧草，用于产犊1周后产奶量提高所需的蛋白质要求，促进食欲和反刍，以及瘤胃蠕动，但产犊前是不宜饲喂的。

（二）饲料添加剂

这类添加剂种类很多，在调节分娩期奶牛消化生理时，主要是通过调节阴阳离子平衡，调节日粮的能量，保护氨基的消化效果等来进行。主要添加剂有以下几种。

1. 酵母培养物 酵母类培养物用于改变瘤胃内环境，提高纤维降解菌的活力，促进挥发性脂肪酸的生成。每日用量100～120克。

2. 碳酸氢钠 作为缓冲剂，碳酸氢钠用于提高干物质摄入量，使瘤胃pH值保持在6.5。每日用量按饲料干物质计算为0.75%，或者按奶牛体重的大小不同，每日使用100～150克，是高产母牛专用添加剂。

3. 氧化镁 作用同碳酸氢钠，每日可喂50～100克。

4. 1,2-丙二醇（PG） 该物质被瘤胃吸收后，在肝脏内转变为葡萄糖，使血液的含糖量迅速增加，胰岛素浓度升高。因此它对预防和治疗酮血病十分有效，因为它能抑制酮的生成，降低脂肪肝的危险性。有试验证明，从分娩前7天开始，每日摄入1,2-丙二醇1000毫升，于分娩后第二天，血浆β-羟丁酸和非必需脂肪酸（NEFA）的含量减少，而葡萄糖和胰岛素的含量增加,肝脏内脂肪蓄积量下降,牛只每天采食饲料干物质量提高。在实际生产中,当每天摄入300毫升时也能达到上述效果,但是1,2-丙二醇要用导管投食,不便使用。

5. 丙酸钙 这是一种防霉剂,粉状制品,比液态的1,2-丙二醇容易摄入。在每日投服120～250克时,也能使血糖和钙的浓度上升,因其成本很低,有使用价值,但是适口性差,要在精饲料中调好后喂用。

6. 烟酸 这是有效防止酮血病的维生素,能有效降低体内脂肪的动员,维持饲料干物质的摄入量。围产期,在分娩前每日投喂6克,分娩后每日投喂12克,具有良好效果。对于体膘评分3～5分的高产肥胖母牛,烟酸的作用明显,但是对于体膘评分低于2分的不宜投服。对于产奶量在8 000千克以上的牛群效果很好,投入与产出的比达1∶6。尼克酰胺具有同样的效果。

7. 阴离子矿物质调整剂 这是高产奶牛围产期重要的添加剂,它能促进钙的吸收,促进血钙恒定,使产犊母牛在分娩后子宫和消化道平滑肌顺利收缩,减少乳热病,提高食欲,降低代谢病的发生。常用的有氯化钙、氯化镁、硫酸铵、硫酸镁等,投入份量上节已有介绍。

8. 饲料香味剂和其他 在分娩后为促使产犊母牛增加食欲,在产后两周内用饲料香味剂十分必要。其他还有瘤胃保护蛋氨酸、尿酶抑制剂等,具有提高产后母牛营养摄入量的功能。

第三章　提高繁殖率技术

掌握现代繁殖技术能充分发挥牛的生殖生理功能，提高生产效率。就提高母牛的受胎率而言，首先要了解生殖器官及其功能，了解发情规律、掌握发情鉴定方法和妊娠鉴定方法，做好及时输精和正确的接产助产工作，使母牛按期生产，获得泌乳和产犊双丰收。

一、母牛的生殖器官和生理功能

母牛的生殖系统由卵巢、输卵管、子宫、阴道、尿生殖前庭、阴唇和阴蒂等器官构成。其中卵巢是雌性性腺。输卵管、子宫和阴道构成雌性生殖道，称内生殖器官。尿生殖前庭、阴蒂和阴唇是外生殖器官(图 3-1)。

母牛的生殖器官位于腹腔后部和骨盆腔部位。上面为直肠，下面为膀胱。

(一)卵　巢

1. 卵巢的位置及形态　卵巢位于骨盆腔前缘的两侧，青年母牛的卵巢位于骨盆腔内耻骨前缘的后方靠体壁近腰角的部位；经产母牛的卵巢则下沉并移向腹腔，大多位于耻骨前缘的前下方，卵巢左右各 1 个，卵巢长 2～3 厘米，宽 1.5～2 厘米，厚 1～1.5 厘米，为稍扁的椭圆形实质器官。

卵巢由卵巢系膜相连，悬在骨盆腔中，神经、血管和淋巴管随系膜进入卵巢，入口处称卵巢门，位于卵巢的腹侧。

2. 卵巢的功能　卵巢的功能是产生卵子和分泌雌激素及孕酮，是具有双重功能的母畜生殖器官。卵巢外表有白膜，白膜外有单层的生殖上皮。卵巢内分为皮质和髓质两部分。皮质随生殖周期的不同，含有不同发育阶段的卵泡和卵泡的前身及延续产物，如红体、黄体和白体。髓质部有大量的血管、淋巴管和神经，由卵巢门脉进入卵巢，在卵巢门的部位没有皮质和白膜，只有髓质及大量的门细胞，这些细胞具有分泌雌激素的功能。卵泡中的卵母细胞产生卵子，卵子成熟后排出。卵泡内膜是产生雌激素（雌二醇和雌酮）的组织，孕酮是由周期黄体或妊娠黄体分泌的。卵巢的功能受促卵泡素与促黄体素的协同作用以及受雌激素的调节。其中促卵泡素主要刺激卵的生长和发育，在促黄体素的协同作用下，激发卵泡的最后成熟；促黄体素引起卵泡排卵和黄体的形成。促黄体素刺激卵泡内膜细胞产生睾酮，颗粒细胞在促卵泡素的作用下将睾酮转化为雌二醇。

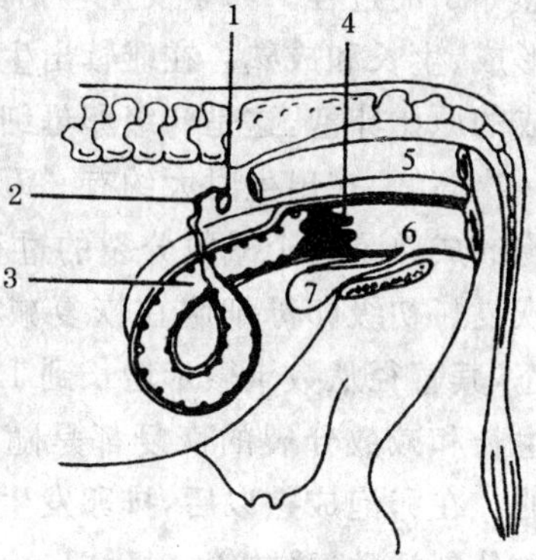

图 3-1　母牛生殖器官

1. 卵巢　2. 输卵管　3. 子宫角
4. 子宫颈　5. 直肠　6. 阴道　7. 膀胱

如果发育的卵泡上皮变性，则卵泡壁结缔组织增生，卵细胞死亡，卵泡液增多会形成卵泡囊肿。若未排卵的卵泡壁上皮发生黄体，或排卵后黄体化不足，在黄体内形成空腔并积蓄液体会形成黄体囊肿。两者共称卵巢囊肿。

(1)卵子发生　是卵原细胞在卵巢的卵泡中发育成为成

熟卵子的过程。卵子发生包括卵原细胞的增殖，卵母细胞的形成、生长和成熟。在雌犊出生时，卵巢中已贮存有胎儿期形成的原始卵泡，这是初级卵母细胞，在犊牛出生前其数量达到一次高峰，在出生时大约有 6 万～10 万个卵母细胞。卵母细胞的成熟是一个减数分裂的过程，它要经过两次休止和两次恢复。初级卵母细胞在恢复减数分裂活动前先进入生长状态，其直径从数十微米增长到 120～160 微米。初级卵母细胞生长和减数分裂的恢复都是随着卵泡的生长和发育而实现的。在卵泡成熟以后，排卵发生之前，初级卵母细胞才恢复减数分裂活动，释放第一极体(这是一种只帮助完成减数分裂过程，但又未发现其他功能的小细胞)。于是形成了次级卵母细胞，此时，成熟的卵即从卵泡中排出，称做排卵泡。进入输卵管的卵是再次休眠、尚未最后成熟的次级卵母细胞。只有在精子入卵后，即受精后，次级卵母细胞才恢复分裂活动，释放第二极体，形成单倍体的卵原核，减数分裂的全过程才完成。

成熟的卵子是一个卵母细胞经过两次减数分裂，最终形成单倍体的成熟细胞，同时发生的还有两个极体。

(2)卵泡　卵泡是牛卵巢皮质中卵子赖以生长和发育的囊状结构。这是细胞集团，是卵子发生和排卵的组织，也分泌雌激素。根据发育阶段，卵泡分原始卵泡、初级卵泡、次级卵泡及成熟卵泡共四级。原始卵泡只有单层扁平的卵泡细胞包围着卵母细胞，无透明带和卵泡腔。初级卵泡有单层柱状卵泡细胞包围卵母细胞。以上两种卵泡出现在卵巢靠近生殖上皮的皮质部。次级卵泡在卵母细胞四周有多层柱状卵泡细胞包围，并且在卵泡细胞和卵母细胞之间出现透明带，卵泡位置移向皮质部深处，直径扩大，可达到数百微米。卵泡中的卵母细胞随卵泡的生长而生长，但依然处于减数分裂的休止期。

次级卵泡已能合成和分泌雌激素，雌激素被释放到卵泡腔隙中，而后进入血液循环，输送到整个机体。成熟卵泡，亦称葛拉夫氏卵泡，是完全成熟的卵泡。因其长大而扩展到卵巢皮质全部，并突出于卵巢表面。因完整的卵泡腔内部含有卵泡液而很有弹性，成为直肠检查时鉴别发情程度的标志。达到排卵前状态的牛卵泡直径可达 12～19 毫米。卵泡的颗粒细胞和内膜细胞表面都有促性腺激素的受体，这些细胞参与调节某些生殖激素的生成。颗粒细胞还分泌某些抑制因子，有节奏地控制卵母细胞的发育。

成熟卵泡中的卵母细胞一直要到卵泡成熟后临近排卵前才恢复减数分裂活动。而卵泡的发育和成熟受多种因素影响，包括营养状况、气候、年龄、膘情以及雄性动物的伴同情况等等。外源激素的使用对卵泡发育的影响，因其发育阶段的不同而比较复杂。在用直肠检查判断牛的发情程度时，触摸卵泡大小，是确定适时人工授精的重要依据。

(3)排卵　排卵是卵子自卵巢上成熟卵泡排出的生理过程。排卵时，卵巢的被膜(卵巢上皮和生殖上皮局部突出)，形成乳头状排卵点，继而破裂，卵子连同卵泡液流出。在卵丘细胞产生的黏多糖的作用下，卵被黏在卵巢表面。当排卵时输卵管伞包住卵巢，卵巢做旋转运动，使伞的内面能接触到整个卵巢。伞内面的纤毛做纤毛运动将卵接纳到输卵管中。

牛卵自卵巢排出后刚完成第一次成熟分裂为次级卵母细胞。排出后的卵最外层是由卵丘细胞构成的放射冠，里面是透明带，再往里是细胞质膜(卵黄膜)，这是防止污染和病原菌的屏障。卵内含有染色体(遗传物质载体)和大量卵黄颗粒(为胚胎早期发育准备的营养物质)。卵黄膜与透明带之间的间隙称做卵膜间隙，在这里可以找到第一极体。

排卵是周期性的，受神经和内分泌系统的自动调节，每一次排卵都需要一定的时间，而且排卵与发情总是伴随发生。牛的排卵一般在发情征候结束后 10～12 小时，或者自发情开始的 28～32 小时。牛的排卵数一般是 1～2 个。

(4)黄体　这是卵巢中黄色内分泌腺体，它是由原卵泡排卵部位形成的。在黄体形成的初期，排空的卵泡腔形成负压，血液自破裂的血管流出积存在卵泡腔内，形成凝血块，此时呈红色，故称“红体”；随后原卵泡颗粒层细胞增大，并吸收类脂物质，逐渐转变成黄体细胞，聚积成黄体；同时卵泡内膜分生出微血管，伸展到发育中的黄体细胞之间，含类脂质的卵泡内膜细胞也随着这些血管伸展到已形成的黄体细胞之间，参加形成黄体。黄体细胞增殖时所需的养分，最初由红体供应，继而由卵泡内膜伸进到黄体细胞间的血管供应。黄体是体内血管最多的器官之一。

黄体增长的速度很快，母牛黄体在发情周期的第三至第十天增长最快；如果没有受孕，在第十六天开始退化。如果受孕，黄体发育成熟，其直径一般大于成熟卵泡，可达 20～25 毫米。牛的黄体有部分位于卵巢内部，另一部分突出于卵巢表面。母牛排卵后如果没有受孕，这种黄体称做“周期黄体”或“假黄体”，在性周期的后期退化，此时没有受孕的子宫分泌前列腺素，将黄体消解。如果母牛受孕，则黄体转变成“妊娠黄体”，也称“真黄体”。妊娠黄体在体积上略为增大，一直到妊娠中期停止，然后保持到整个妊娠期，直至产犊后才退化。以上两种黄体，无论是“假”或“真”，在失去功能后都退化成“白体”，最后在卵巢中只留下残迹。

(二)输卵管

输卵管位于子宫阔韧带外侧形成的输卵管系膜内，长15～30厘米，有很多弯曲。它是连接卵巢和子宫的一对弯曲的管状器官。输卵管在腹腔的一端，成漏斗状，其边缘有很多不规则的突起和皱襞，称做“伞”，与卵巢相接。其后端接子宫角，两者之间没有明显的界限。

输卵管是卵子受精的地方，也是精子从子宫运行到壶腹部的通道，是精子获能及受精卵卵裂的地方。输卵管的分泌液为精子、卵子的正常运行，以及合子的早期发育和运行提供条件。

(三)子　宫

子宫位于骨盆腔入口处，直肠的下面，悬挂在子宫阔韧带上。它由左右两个子宫角、一个子宫体和一个子宫颈构成。子宫全长40～45厘米，妊娠后则迅速增大。

1. 子宫角和子宫体　子宫角和子宫体是中空的管道，宫壁分3层：内膜称做黏膜层，中层为肌层，外膜称做浆膜。肌层由3层平滑肌构成，中间是环形肌，十分发达，内外两层为纵行肌。子宫内膜由黏膜上皮和固有膜组成，黏膜上皮是柱状上皮细胞；固有膜中有子宫腺，具分泌功能。黏膜上皮细胞和子宫腺分泌的液体称做子宫液，主要含有血清蛋白和少量的子宫特异蛋白。这些蛋白质的比例和含量随着性周期的变化而变化，与卵巢发育的周期相应。子宫角长20～40厘米，青年母牛的子宫角弯曲如公绵羊角状，位于骨盆腔内，经产母牛的子宫角较长，垂入腹腔。

牛的子宫内膜(也称子宫黏膜)上散布着子宫阜，是扁圆形的突起，成行排列，约有 80～120 个，妊娠时成为母牛的胎盘。在妊娠初期，子宫腺分泌子宫乳，为尚未附植到子宫体的胚胎提供营养。随着胚胎的发育，子宫阜起着从母体输送养分的作用。

2. 子宫颈 子宫颈是阴道通向子宫体的门户。牛子宫颈的后部突出于阴道中，壁部较厚，质地较硬，其突出部与阴道形成穹窿。子宫颈是管状组织，环形肌与黏膜在子宫颈内壁上形成横向、稍斜的皱褶，黏膜上有许多纵皱褶。子宫颈管是旋曲的通道，平时收缩很紧，呈关闭状态，只在发情和分娩时肌肉才松弛。妊娠后子宫颈闭锁，起着封闭的作用，子宫颈口由黏稠的糊状物封口，称子宫栓，直至临产前才被化解。

子宫在受孕过程中为精子从射精部位运行到输卵管起运送作用，为精子获能提供生理环境；为尚未附植到子宫的受精卵提供营养，调节黄体的功能；并为胚胎的附植、发育和分娩提供需要的条件。

(四)阴　道

阴道位于骨盆腔中部，直肠下面。前端扩大，在子宫颈周围形成穹窿，后端以生殖前庭的尿道外口和阴瓣为界。牛阴道长 25～30 厘米，为母牛的交配器官和产道。

(五)外生殖器官

外生殖器官包括尿生殖前庭、阴蒂和阴唇。尿生殖前庭是阴瓣到阴门间的部分，在腹侧壁瓣后方有一尿道开口。在前庭左右侧壁，稍靠背侧各有一前庭大腺的开口，在靠近阴蒂处有前庭小腺开口。母牛前庭长 10～12 厘米。

阴蒂也称阴核，是相当于阴茎的退化组织，位于阴门下角的阴蒂窝内,为敏感器官。

阴唇为母牛生殖道的最末端部位,经会阴与肛门连接,由左右两片构成,中间形成阴门裂。阴唇、阴蒂和阴门统称外阴部。

二、母牛发情规律

发情是育龄空怀母牛的生殖生理现象。发情鉴定是人们根据发情表现正确掌握适时输精的方法。完整的发情应具备以下四方面的生理变化:①卵巢上功能黄体已退化,卵泡已经成熟,继而排卵;②外阴和生殖道变化,表现为阴唇充血肿胀,有黏液流出,俗称“挂线”或“吊线”,阴道黏膜潮红滑润,子宫颈口勃起开张红润;③精神状态发生变化,食欲减退,兴奋或游走,正在泌乳的牛则产奶量下降;④出现性欲,接近公牛或爬跨其他母牛,别的母牛对它爬跨时站立不动,公牛爬跨时则有接纳姿势。不完整的发情也常有外部表现,这主要有两种:一是无排卵发情,指有发情的外表现象,但无排卵,甚至卵巢上无成熟卵泡;二是安静发情,指卵巢上有正常成熟卵泡并排卵,但无任何外部表现的现象。妊娠初期的母牛偶尔也有假发情的表现。

(一)发情周期

这是指相邻两次发情的间隔天数。生产中一般把观察到发情的当天作为零天,牛的发情周期为20～21天,正常范围是18～24天,青年母牛偏短为20天,经产母牛偏长为21天。各种品种牛之间基本无差别。除乳用品种较常出现“安静发情”和“超短发情”外,我国地方品种和肉用品种都比较正常。

(二)发 情 期

又称发情持续期。以母牛接受爬跨的持续期为度量，牛的发情期为 15～20 小时，青年母牛略短，约 15 小时，经产母牛略长，约 17 小时。发情期长短的变化范围很大，从 2 小时到 30 小时不等。牛品种间也存在一定区别，乳用品种略短为 13～17 小时，肉用品种稍长为 13～30 小时。奶牛发情常被分为早期、盛期和后期，其表现有明显的不同，是发情鉴定所必须掌握的。

(三)排卵时间

在人工授精情况下为掌握适时输精，需估计排卵时间。按科学试验的统计，自发情到排卵需 28～32 小时，而生产上统计，自发情到排卵需 26～30 小时。排卵受营养条件的影响，在正常营养水平下，76%左右的母牛在发情开始后 21～35 小时排卵，而营养不足的情况下，只能有 69%左右的母牛排卵时间是正常的。

(四)产后发情时间

这是产犊当天到第一次排卵的时间。母牛在产犊后的第一次发情常常没有外部表现，即安静发情，因个体不同，一般要有 10～40 天。而出现完整发情距产犊的时间平均为 34(20～70)天，然后进入正常的发情周期。母牛在产犊后继续哺犊，会有相当数量的个体不发情。在营养水平低下时，通常会出现隔年产犊现象。产后发情的早晚在很大程度上受营养水平和季节的影响，仔细观察母牛产后发情日期，做好个体记录，改善饲养管理是提高母牛受胎率的重要工作。

（五）发情季节

牛是周年发情动物，除妊娠情况下发情周期终止而外，正常的可以常年配种。但由于营养因素，北方牛在冬季很少发情，在牧区往往要待牧草茂盛的晚春才恢复正常的繁殖功能，在高原严寒地区季节性更加明显。这种非正常的生理反应可以用改进饲养水平来克服。而营养正常的母牛即使在不良环境条件下也能正常配种。炎热是另一种逆境，这对发情周期或排卵有影响。

（六）初 情 期

为适期掌握初配年龄需掌握的生理现象。牛在 5～10 月龄间出现初情，这具有品种差异，在同一品种中则受营养水平的影响。实践中确定母牛初配年龄要观察个体发育好坏，一般情况下以 18 月龄为初配年龄。但是为提早产犊，可以参考母牛的体重，如大型牛种，其青年母牛体重达到 300 千克时，就可以初配。

三、发情鉴定方法

母牛发情鉴定有行为和外部观察法、试情法、阴道检查法和直肠检查法四种方法。可以根据单项，也可以根据多项方法检查的结果进行综合判断。

（一）行为和外部观察法

奶牛发情一般都有明显的行为表现，如哞叫、弓腰举尾、爬跨、频频排尿、追逐、静立接受爬跨，减食，泌乳量下降，反刍减少等。在奶牛运动场内，母牛间相互的追逐、爬跨活动是观察和发现适配母牛的良好时机。1日3次，早、中、晚到运动场观察牛是每天的必须业务工作。通常情况下，发情母牛中有50%在早晨可以确诊，33%在傍晚，其余在中午。最典型的发情行为是接受爬跨、静立不动或虽然站立尚不很稳但举尾、排尿的个体。不发情的牛也常常参与爬跨，而这些个体在爬跨后拱背一逃了之。而发情适时的母牛却有阴门搐动滴尿、排黏液等，其外阴部肿大充血，坐骨部常沾有黏液或有稀薄透明的痂片，黏液透明，有的带有血丝。因接受配种的行为结束前，黏液变白、变稠一些，必须注意。

(二)试情法

将阉牛牵到母牛跟前，如果阉牛有爬跨行为，可以确定发情。在母牛群中放一头阉牛，观察受试母牛，凡稳当地站立，叉开后腿接受爬跨的是发情很旺、受配适时的母牛。一个牛场有数头母牛同圈喂养时，要确认某头母牛是不是处于发情和配种最适宜的时机，试情法是简便易行的。

母牛发情按其表现可分为3个阶段，即发情早期、发情盛期和发情后期。其中发情盛期是最佳输精时机，不少母牛是在发情盛期结束之前。这3个时期的表现如下。

1. 发情早期 此期持续时间为6～24小时。其表现主要有：母牛频频试图爬跨其他母牛；追逐其他母牛并与之为伴；发情母牛被其他母牛爬跨时，尚不愿接受，一爬即跑；兴奋不安，敏感，哞叫；阴户略有肿胀。

2. 发情盛期 此期一般为6～18小时。其表现为：①母牛被其他母牛爬跨时，后肢开张，静立不动，接受爬跨是这一阶段的最明显特征(图3-2)；②爬跨其他母牛；③不停地哞叫，不安，食欲减退，甚至出现拒食，排粪、排尿次数增多，产奶量下降；④嗅闻其他母牛外阴或尿液，或试图将其下巴搁在另一母牛的臀部上并进行摩擦；⑤阴户红肿，湿润发亮，黏液多、透明、含泡沫，牵缕性强，牵之成丝，可提拉 6～8 次，以二指水平牵拉后，黏丝可呈“Y”状；⑥弓背，腰部凹陷，荐骨上翘；⑦因被爬跨致使尾根部被毛蓬乱；⑧尾部和后躯沾有黏液。

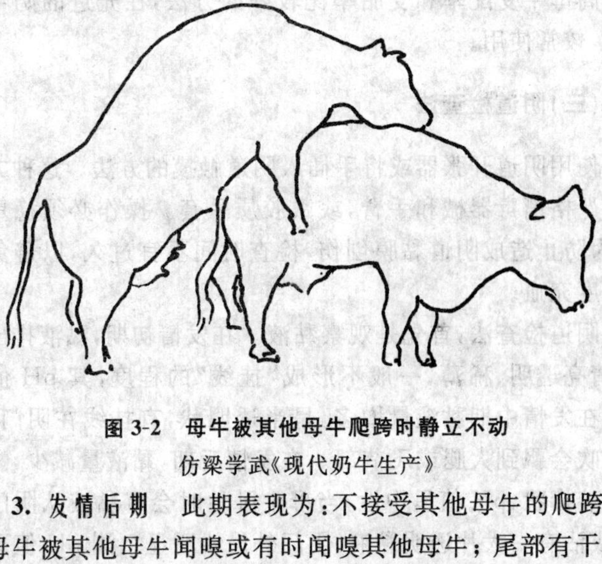

图 3-2　母牛被其他母牛爬跨时静立不动

仿梁学武《现代奶牛生产》

3. 发情后期　此期表现为：不接受其他母牛的爬跨；发情母牛被其他母牛闻嗅或有时闻嗅其他母牛；尾部有干燥的黏液。

发情后 1～4 天约有 90％的育成母牛和 50％的成年母牛可从阴道排出少量血，称做排红。据调查，在输精后第二天出现排红的牛受胎率最高。

公牛试情法是帮助确定适时配种母牛的良好方法，该法在大型牛场有采用的。试情公牛一般是阉公牛，能爬跨不能配种。当发情母牛背腰被毛常常被弄得蓬乱，沾有泥土和唾液时，该母牛为发情适宜配种时期。用青年公牛做试情牛时，为了避免其交配，要做阴茎移位或切除输精管手术，使其不能交配射精，在一个交配季节后，即淘汰该公牛，因此，现在很少使用这种方法。在国外常常在试情公牛的胸部固定一个安装有颜色的墨盒，在爬跨后将颜色印在母牛的尻部。因此，凡是尻部印有颜色的母牛，当天傍晚可以做第一次人工授精。这是提高母牛受配率和受胎率比较好的方法，在先进的奶牛业国家，较常使用。

（三）阴道检查法

使用阴道开张器或将手插入阴道触摸的方法。这种方法要求严格消毒器械和手臂，或戴胶质手套。操作必须稳重缓和，为防止造成阴道黏膜创伤，检查时间不宜过久，以避免黏膜过度充血。

阴道检查法，首先是观察黏液。在发情初期，黏液排出量少、清亮透明、稀薄，一般不形成“挂线”的程度，其 pH 值偏酸。在发情中期黏液量增多，呈半透明状，有挂线在阴门上，受风吹会飘到大腿或飞节部。在发情后期，黏液量减少，黏稠如玻璃棒状，pH 值呈中性，当母牛卧地时会有黏液从阴门流出，或沾有一大片透明黏液，阴门外吊线明显。测 pH 值要用石蕊试纸，以个体牛发情前后期的变化作对比，pH 值从6～7.6。发情后期的黏液 pH 值在 6.8～7.4 之间，多数为 7.2，是适宜的输精时间。

用手插入阴道触摸的办法在必需时可以进行，一般情况下，母牛不拒绝，插入很容易。在发情初期的母牛，阴道前端有大量稀薄黏液，也不是输精适当时间；黏液量适中、稀薄，此时输精也不是适当时间；如果黏液量适中、变稠，手面沾上黏液较多，手指间分开时有拉丝现象，是较好的输精时间。进行阴道检查最好戴上乳胶手套，并做好清洗清毒，以免污染生殖道。

用开膣器可以借光源观察阴道黏膜的颜色、充血和肿胀程度，子宫口的充血、肿胀、开口大小和周边黏液量和透明度等情况，也有利于发现是否有宫颈炎症、蓄脓等问题，以便及时治疗。开膣器检查时要注意消毒，并防止粗鲁动作，不要伤及生殖道黏膜。

不同发情阶段的阴道黏膜变化：休情期，阴道紧闭、色泽苍白，无黏液；发情初期，阴道黏膜微充血，淡红色，子宫颈轻度充血微肿，黏液量不多，稀薄透明；发情盛期，阴道潮红、光亮，宫颈充血、肿胀，宫口开张，黏液量多而透明，牵丝性变强但不黏；发情后期，阴道黏膜充血消减，宫颈肿胀的开张度略收缩，色稍暗，黏液变稠，呈乳白色，黏性变强；排卵期，阴道黏膜变红，宫颈口闭合，黏液少而稠、乳白色。

（四）直肠检查法

直肠检查法是通过直肠触摸卵巢和子宫来判断母牛发情程度的方法。卵巢诊断可了解其大小、形状，卵泡波动与紧张程度，卵泡是否破裂，及有无黄体存在等情况。子宫诊断可得知其软硬度，收缩反应。在摸到卵泡的情况下应小心操作，以免压破卵泡造成卵子流失。卵巢在不同的发情时期的大小、形状如下：①休情期，左右侧卵巢大小不一，卵巢为扁圆形，表面坚实而突起，有大小不等的黄体；②发情初期，一侧卵巢开始发育，卵泡圆形，有光滑感，卵泡小于 1 厘米，波动不明显；③发情中期，卵泡发育到 1.5 厘米，呈小球状突出于卵巢表面，波动比较明显。由于卵泡常常埋于卵巢中，其直径往往达到 1.8～2.2 厘米不等，这一时期可以持续 10～12 小时；④发情后期，这是卵泡发育成熟期。卵泡不再增大，皮薄，有一触即破的感觉，波动明显。这一时期可持续 6 小时左右，是输精最佳时期；⑤排卵期，此时卵泡已破裂，变成凹形，质地松软。

通常以外部观察法结合已有的繁殖记录，决定人工输精时机，而在直肠把握输精时，必须进行直肠检查。在输精记录中必须记载卵巢上卵泡或黄体的状况。在具体操作时直肠检查法是用于判断卵泡发育成熟程度的方法。在进行人工授精时，为正确掌握输精时机，有经验的输精人员多采用这种方法。在进行胚胎移植时，更是必不可少的生产程序。

直肠检查操作手法。发情检查时，必须用手摸到牛的子宫和卵巢，判断其长短、粗细、质地、器官表面的凹凸情况等等。其顺序是：戴上胶质手套，将润滑剂抹在其上，若无这类手套可直接抹在手和小臂上。将手伸入肛门，让肛门圈套住腕部。大体型母牛或多产的母牛，可以伸得远一些。手掌伸平，掌心向下，用力按下且左右抚摸，在骨盆底的正中感到前后长而稍扁的棒状物即为子宫颈。试用拇指、中指及其他手指将其握在手里，感受其粗细、长短和软硬。将拇指、食指和中指稍分开，顺着子宫颈向前缓和伸进，在子宫颈正前方由中指触到一条浅沟，此为子宫角间沟（图 3-3）。沟的两旁各有一条向前弯曲的圆筒状物，粗细近似于食指，这就是左右两子宫角。摸到后手继续前后滑动，沿子宫角的大弯，向下向侧面探摸，可以感到有扁圆、柔软而有弹性的肉质物，即为卵巢。若用食指和中指夹住卵巢系膜，然后用拇指触摸卵巢及其表面的卵泡。在检查中若卵巢滑失，应重新从寻找子宫颈开始。

直肠检查的注意事项见妊娠检查内容。

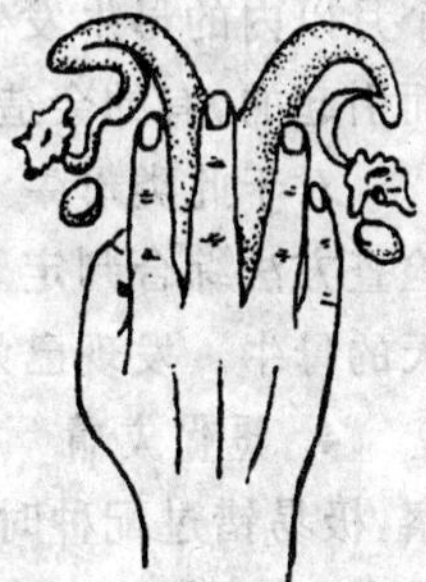

图 3-3　触摸牛子宫示意图

四、异常发情和乏情

(一)常见的异常发情

异常发情是奶牛群常见的现象。正常母牛发情周期平均为 21 天,青年母牛比成年母牛短些。在临床上,常因母牛营养不良、环境温度突变等原因导致体内激素分泌失调,引起异常发情,造成失配和误配。生产中常出现以下 5 种异常发情。

1. 安静发情　又称安静排卵或静发情。是指母牛发情时缺乏发情的外部表现,但其卵巢内有卵泡发育成熟并排卵。主要原因是体内生殖激素分泌失调,雌激素分泌不足,或是促乳素、孕酮分泌不足,其中枢对雌激素的敏感性降低。

此类奶牛应调整日粮配方,增加维生素、微量元素、矿物质含量较高的全价饲料。

2. 断续发情　母牛发情期时间延长,有时可达 30～90 天,并呈现时断时续的发情。断续发情多发生于早春,饲喂秸秆过多,膘情不良的母牛卵巢功能不全,而形成断续发情现象。

对此类母牛除加强饲养管理外,可注射促排卵 2 号、3 号,在注射激素的同时进行输精,可有效提高发情期受胎率。

3. 孕期发情　也称假发情。是指母牛在妊娠期仍有发情表现,约占 30%左右的妊娠母牛出现假发情,尤其是妊娠 3

个月以内的母牛发生率较高，原因多为孕酮不足，雌激素过高而引起的，有的会造成早期流产，称为“激素性流产”。

对于此类母牛，要观察阴道黏液、子宫颈变化，配合直肠检查方法综合判定。直肠检查时应慎重，尤其是妊娠 25～40 天的母牛。发现已妊娠的应该使用保胎药物。

4. 短促发情 是指母牛发情期非常短促，如不注意观察，极易错过配种时机。其原因可能是发育的卵泡迅速成熟排卵，也可能因卵泡停止发育或发育受阻而缩短了发情期。

对于前种原因造成的短促发情，要及时直检输精；对于卵泡发育停滞受阻的，可注射孕马血清或三合激素等进行治疗，促使下一个情期能够正常发情。

5. 二次发情 也称“打回栏”，临床上约占 30%左右。产后第一次发情，排卵，配种后，接着又很快出现第二次发情，与第一次发情间隔少则 3～5 天，多则 7～10 天，且发情表现明显。对打回栏母牛要及时根据直肠检查鉴定结果进行第二次输精。

（二）母牛产后乏情的防治

母牛产犊后长期不表现发情，即为乏情。有的母牛产后 90 天不发情，更有长达 180 天乏情的，使产犊间隔，或产间距过分延长而减产。其原因多数是营养不良所致。

产后母牛长期不发情普遍的表现是：消瘦，体况差，被毛杂乱、毛梢干燥、无光泽，精神委顿。养牛户往往不科学地提供饲料，以枯黄的玉米秸秆做的黄贮作为主要饲料，为了提高产奶量过多地喂棉籽饼，或大量酒糟，母牛根本吃不上青草。有的养牛户长期拴饲母牛，缺乏运动。有的养牛户让产下的犊牛随母吮奶，使母牛保持带犊的神经反射，不再发情。少数母牛是夏季产犊，在热应激下没有正常的发情表现。也有的高产奶牛，体内激素紊乱，多因持久黄体而不发情。

对乏情母牛的治疗方法主要是激素治疗、调整饲养管理、利用公牛诱导及物理疗法。。

1. 激素注射

(1)促性腺激素释放激素(GnRH)　肌内注射，每次200微克，隔日1次。或做成阴道栓，放置到阴道内。此法可以诱导卵泡发育并排卵。个别母牛可以在10天后再注射1次，或重新放置1次阴道栓。

(2)促卵激素(FSH)　肌内注射，每次200国际单位，共2次。每日1次或隔日1次。可同时配合使用促黄体素(LH)注射，其用量按促卵激素的1/2～1/3。如果直肠检查结果是卵巢静止、卵巢萎缩、闭锁或持久黄体的情况下，促卵激素和促黄体素同时注射效果更好。

(3)维生素E和维生素AD　用量各为10毫升，肌内注射。市售规格通常为维生素E含50毫克/毫升、维生素AD含5万单位维生素A和5 000单位维生素D_2。此方法主要治疗卵巢静止。

(4)孕马血清促性腺激素(PMSG)　肌内注射2 000单位。此方法主要治疗卵巢静止、萎缩和闭锁。

除上述方法外，其他还有前列腺素(PGF2α)治疗法等。

2. 调整饲养管理方法

(1)补饲优质干草　立即饲喂青草或优质干草，如苜蓿干草，减少酒糟喂量，补喂胡萝卜，加喂食盐。在饲喂过多青贮的牛场加碳酸氢钠50～100克/头，调节日粮的酸碱度。

(2)给犊牛断奶　犊牛出生后要立即进行人工哺乳，断开与母牛的接触，改变母牛的生殖生理反应条件，促使母牛尽早发情。母牛断奶后体内促性腺激素释放激素的分泌量增加，促进促黄体素的释放，调剂促黄体素和促卵激素的协调分泌。

3. 公牛诱导 在母牛群内放入公牛，促使发情不正常的母牛恢复正常的发情周期。其管理办法如上述的公牛试情法。

4. 物理疗法

(1)子宫热浴 配制 42℃～45℃的 2%碳酸氢钠溶液 2 升，或生理盐水 2 升，在注射前列腺素促进子宫颈开张后，用以冲洗子宫，隔日 1 次，3～4 次后观察母牛发情。该法对母牛发情有很好的疗效。

(2)卵巢按摩 通过直肠做卵巢按摩，每日 1 次，每次 5 分钟，4～5 次为 1 个疗程，术后观察发情。

五、建立发情观察档案

(一) 母牛个体繁殖记录格式

要提高全群母牛的受胎率，非常重要的管理措施是建立母牛的发情观察档案。即给每头母牛建一份发情配种记录表，从母牛产犊后，按每个胎次来划分，登记每次发情的日期和生殖道变化情况，以便观察每个发情期是否正常。记录内容参阅表 3-1。

表 3-1　母牛个体繁殖情况登记表

牛号________所在圈舍________出生　　年 月 日

	第几次配种	日期	早晚	滤泡好坏	宫口开张情况	黏液多少,稀稠
第一胎次	一					
	二					
	三					
第二胎次	一					
	二					
	三					
第三胎次	一					
	二					
	三					
第四胎次	一					
	二					
	三					

(二)母牛发情日期推算

母牛按每个发情周期为 21 天作为正常的推算日数,在母牛配种记录上登记当次配种日期后,如果没有受胎,那么 21 天后必然再次发情。养牛户可以在该表上注明下次发情月和日,为了方便起见,可参照母牛发情日期推算表(表 3-2)。如果母牛不发情,一种可能是已受胎,另一种可能是有繁殖疾病,要继续观察。

表 3-2　母牛发情日期推算表

发情日	发情日期											
	1月	2月	3月	4月	5月	6月	7月	8月	9月	10月	11月	12月
	再发情月和日											
	1月	2月	3月	4月	5月	6月	7月	8月	9月	10月	11月	12月
1	22	22	22	22	22	22	22	22	22	22	22	22
2	23	23	23	23	23	23	23	23	23	23	23	23
3	24	24	24	24	24	24	24	24	24	24	24	24
4	25	25	25	25	25	25	25	25	25	25	25	25
5	26	26	26	26	26	26	26	26	26	26	26	26
6	27	27	27	27	27	27	27	27	27	27	27	27
7	28	28	28	28	28	28	28	28	28	28	28	28
8	29	3月1	29	29	29	29	29	29	29	29	29	29
9	30	2	30	30	30	30	30	30	30	30	30	30
10	31	3	31	5月1	31	7月1	31	31	10月1	31	12月1	31
11	2月1	4	4月1	2	6月1	2	8月1	9月1	2	11月1	2	1月1
12	2	5	2	3	2	3	2	2	3	2	3	2
13	3	6	3	4	3	4	3	3	4	3	4	3

续表 3-2

发情日	发情日期											
	1月	2月	3月	4月	5月	6月	7月	8月	9月	10月	11月	12月
	再发情月和日											
	1月	2月	3月	4月	5月	6月	7月	8月	9月	10月	11月	12月
14	4	7	4	5	4	5	4	4	5	4	5	4
15	5	8	5	6	5	6	5	5	6	5	6	5
16	6	9	6	7	6	7	6	6	7	6	7	6
17	7	10	7	8	7	8	7	7	8	7	8	7
18	8	11	8	9	8	9	8	8	9	8	9	8
19	9	12	9	10	9	10	9	9	10	9	10	9
20	10	13	10	11	10	11	10	10	11	10	11	10
21	11	14	11	12	11	12	11	11	12	11	12	11
22	12	15	12	13	12	13	12	12	13	12	13	12
23	13	16	13	14	13	14	13	13	14	13	14	13
24	14	17	14	15	14	15	14	14	15	14	15	14
25	15	18	15	16	15	16	15	15	16	15	16	15
26	16	19	16	17	16	17	16	16	17	16	17	16

续表 3-2

发情日	发情日期											
	1月	2月	3月	4月	5月	6月	7月	8月	9月	10月	11月	12月
	再发情月和日											
	1月	2月	3月	4月	5月	6月	7月	8月	9月	10月	11月	12月
27	17	20	17	18	17	18	17	17	18	17	18	17
28	18	21	18	19	18	19	18	18	19	18	19	18
29	19		19	20	19	20	19	19	20	19	20	19
30	20		20	21	20	21	20	20	21	20	21	20
31	21		21		21		21	21		21		21

六、妊娠鉴定

母牛人工输精或本交1个情期后不再发情则预示着妊娠。然而,奶牛是生理代谢十分旺盛的品种,生理功能很容易受到各种不良环境的影响而受到干扰,也可能是牛场管理不到位,繁殖记录不准确,或有公牛混群,发生记录外的交配,以及其他繁殖生理紊乱引起的发情周期不规律的情况。因此,母牛在下一个发情期没有发情不能都认为是怀孕了。要确定是否妊娠还要进行妊娠鉴定。

妊娠诊断的方法很多,如母牛外部表现,生殖器官的变化和胎儿的确诊,以及超声波检查,放射免疫诊断等,其中妊娠母牛的外部表现,直肠检查生殖器官变化是最基本的方法。这些方法在牛场可以直接操作,需要具有扎实基础的技术人员。各种妊娠诊断方法的操作规程如下。

(一)直肠检查法

对配种后2～4个月的母牛做直肠检查,助手要做好记录。术者要穿上医用的背心、胶靴、薄胶外科长袖手套。术者指甲要剪短、磨光,不能戴戒指、手表等物。母牛要保定好,最好在保定架内进行。助手将母牛尾巴拴绳,固定到腹部一侧,如系到牛颈上。用一缰绳套住后腿,防止母牛突然踢蹶,伤及术者,这在术者清洗母牛外阴部时最常发生,必须防范。牛的踢蹶是它的自我保护反应,并非要伤人,畜主不可抽打牛只,必须懂得善待动物。

清洗外阴部后,用液状石蜡油或无刺激性的肥皂液滑润肛门,再将手握成锥状,缓慢插入肛门。伸入后要先引向远端。牛的直肠括约肌会自然收缩，紧住手臂，此时宜缓缓推进，在直肠弯部，伸过一处狭窄部，不可直捅硬伸，防止伤及肠黏膜。此时可以逐步掏出一些牛粪，以便于触摸胎儿和子宫等器官为准。触摸时，手掌应该在牛的直肠紧束环以内，动作要温和、耐心、仔细。若发现一些血丝混在粪便内，就应小心。

检查的顺序：先是摸到子宫颈，顺其向前，摸到骨盆，由子宫体摸一侧子宫角，及两角间沟，探其大小变化，向孕角一侧找卵巢，再探其黄体状态。

直肠检查是最常用又可靠的方法，有经验的术者能在母牛妊娠后 30 多天诊断出妊娠的结果。这些知识取决于术者掌握牛妊娠的生殖器官变化规律。妊娠时母牛生殖器官出现如表 3-3 所示的变化。

妊娠 21～24 天，在排卵侧卵巢上，存在有发育良好、直径为 2.5～3 厘米的黄体时，90％是妊娠了。配种后没有妊娠的母牛，通常在第十八天黄体就消退，因此，不会有发育完整的黄体。但胚胎早期死亡或子宫内有异物也会出现黄体，应注意鉴别。

妊娠 30 天后，两侧子宫大小不对称，孕角略为变粗，质地松软，有波动感，孕角的子宫壁变薄，而空角仍维持原有状态。用手轻握孕角，从一端滑向另一端，有胎膜囊从指间滑过的感觉，若用拇指与食指轻轻捏起子宫角，然后放松，可感到子宫壁内有一层薄膜滑过。

妊娠 60 天后，孕角明显增粗，相当于空角的 2 倍左右，波动感明显，角间沟变得宽平，子宫开始向腹腔下垂，但依然能摸到整个子宫。

妊娠 90 天，孕角的直径为 12～16 厘米，波动极明显。空角也增大了 1 倍，角间沟消失，子宫开始沉向腹腔，初产牛下

表 3-3　在妊娠的一定阶段可触诊到的特殊变化

妊娠阶段（天）	孕角直径（厘米）	羊膜囊的长度（厘米）	子叶的大小（厘米）	肥大的子宫中动脉直径（厘米）	子宫中动脉颤动的有无	子宫的位置	备注
28～31	卵巢端稍扩大(A)	0.8～1	无法估计	0.4～0.6	—	位于盆腔中	
35(B)	2.5～3	1～1.5	—	0.4～0.6	—	—	
42	4～6	2～3	—	0.4～0.6	—	—	
49	5～7	4～6(C)	—	0.4～0.6	—	—	
60	6～9	—	—	0.4～0.6	—	—	
70	8～12	—	0.75×0.5	0.5～0.7	—	开始向腹腔降入	
80	10～14	—	1～0.5	0.5～0.7	+	正在下降之中	
90	12～16	—	1.5×1	0.5～0.7	+	—	
100	14～20	—	2×1.25	0.6～0.8	+	—	
120	—	—	2.5×1.5	难于估计	+	—	
150	—	—	3×2	0.7～0.9	+	已降入腹底	
180	—	—	4.2×5	0.7～0.9	+	—	
210	—	—	5×3	0.8～1.0	+	正在上升之中	

续表 3-3

妊娠阶段（天）	孕角直径（厘米）	羊膜囊的长度（厘米）	子叶的大小（厘米）	肥大的子宫中动脉直径（厘米）	子宫中动脉颤动的有无	子宫的位置	备注
240	—	—	6×4	1.2～1.5	+	—	容易摸到胎儿
270	—	—	8×5	1.4～1.6	+	—	

注：(A)两宫角大小相等。尿膜绒毛膜尚难于察觉

(B)此时尿膜、绒毛膜易于触诊

(C)羊膜泡变得不明显

沉要晚一些。子宫颈前移，有时能摸到胎儿。孕侧的子宫中动脉根部有微弱的震颤感（妊娠特异脉搏）。

妊娠120天，子宫全部沉入腹腔，子宫颈已越过耻骨前缘，一般只能摸到子宫的背侧及该处的子叶，如蚕豆大小，孕侧子宫动脉的妊娠脉搏明显。

120天以后直至分娩，子宫进一步增大，沉入腹腔甚至抵达胸骨区。子叶逐渐长大如胡桃、鸡蛋。子宫动脉越发变粗，粗如拇指。空侧子宫动脉也相继变粗，出现妊娠特异脉搏。寻找子宫动脉的方法是，将手伸入直肠，手心向上，贴着骨盆顶部向前滑动。在岬部的前方可以摸到腹主动脉的最后一个分支，即髂内动脉，在左右髂内动脉的根部各分出一支动脉即为子宫动脉（图3-4）。用手指轻轻捏住子宫动脉，压紧一半就可感觉到典型的颤动。

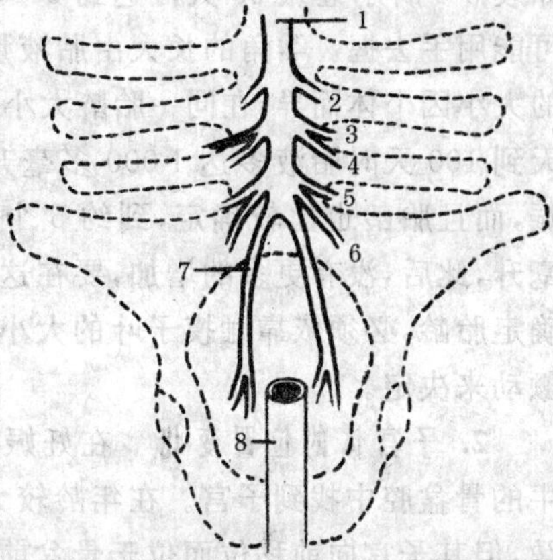

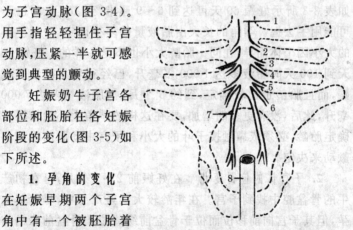

图3-4 奶牛子宫动脉位置示意

（仿梁学武）

1. 腹主动脉 2. 卵巢动脉 3. 髂外动脉 4. 肠系膜后动脉 5. 脐动脉 6. 子宫动脉 7. 髂内动脉 8. 阴道

妊娠奶牛子宫各部位和胚胎在各妊娠阶段的变化（图3-5）如下所述。

1. 孕角的变化 在妊娠早期两个子宫角中有一个被胚胎着床，母体要通过有胚胎的那个子宫角，即孕角为胎儿提供营养，因此该角迅速长大，是早期确诊母牛受胎的重要

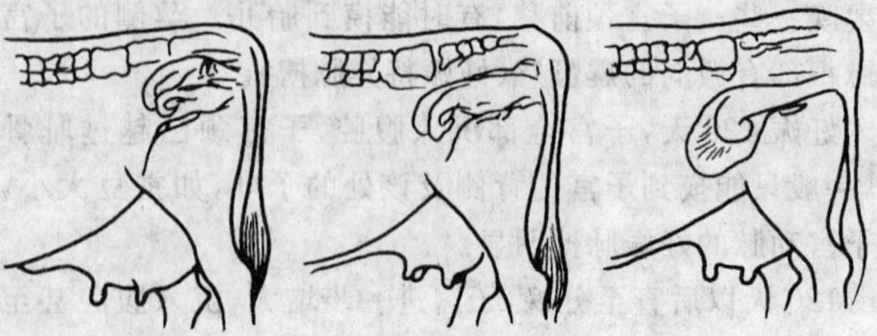

图 3-5 触摸早期妊娠牛子宫示意图

A. 未孕 B. 妊娠 2 个月 C. 妊娠 4 个月

根据。随着孕期的延长，孕角变得越来越粗，其直径大小常被用来判断妊娠的天数。妊娠 30 天左右，一般在 2 厘米左右，如表 3-3 所示妊娠 60 天可达到 6～9 厘米，到 100 天时已不可能用手去握。孕角的长大由胎液量的多少而定，所以孕角的大小因个体而异，在同一胎龄大小也不是一样的。妊娠 90 天到 100 天时胎液多达 1 000 多毫升，已经很容易确诊是妊娠，而且胎龄也比较确定，到约 5 个月时，胎液量多达 7 000 毫升，此后，没有更多的增加，要在这样的孕角大小的情况下确定胎龄，必须依靠触摸子叶的大小和子宫中动脉的粗细和颤动来决定。

2. 子宫体的位置变化 在妊娠前 2～3 个月，可在初产牛的骨盆腔中找到子宫。在年龄较大的经产牛中，尽管其未孕，但其子宫向前移位而位于骨盆前缘或位于骨盆前缘的前方。妊娠 2～3 个月，孕牛子宫已位于腹腔之中。不管任何年龄的母牛，妊娠 4 个月之后，子宫均已位于腹腔的底部。向前下方悬吊于腹腔内的子宫，由于重力所致使胎液下沉并集中在子宫的一处，致使术者不能达到。在妊娠 2～3 个月的初产牛或年轻的母牛中，通常子宫仍位于骨盆腔中，其孕角背侧膨大易于触诊。妊娠5～6个月，子宫向下、向前并完全降入腹腔。

3. 子叶的变化 用子叶大小来做妊娠检查，要在妊娠3.5个月以后，此时子叶的大小才易感觉出来，从子宫壁的触摸上，可以感知许多子叶存在，一般直径在2厘米左右。4个月后子叶数很多，有大有小，形状也都不同。一般是孕角中部的最大，孕角尖的较小。

4. 子宫中动脉检查 妊娠继续时，子宫的血液供应量增加，子宫中动脉亦随之增大，其搏动特征明显，具有临床诊断意义。子宫中动脉起始于自腹主动脉分出之髂内动脉处。在未孕的母牛中，子宫中动脉在子宫阔韧带中向后弯曲地越过髂骨干的背侧进入骨盆腔，然后向前、向下越过骨盆前缘进入子宫角小弯的中央部分。当妊娠继续下去时，子宫向前降入腹腔，从而把子宫中动脉拉向前，直至妊娠后期为止。此时，子宫中动脉位于髂骨干前方5～10厘米处。术者不要把股动脉与子宫中动脉相混淆，股动脉以筋膜牢牢地固着于髂骨干处，而子宫中动脉则可在阔韧带中移动一定距离，为10～15厘米。在初产牛中，早在妊娠期的60～75天，孕角子宫中动脉即开始变得粗大，其直径为0.16～0.32厘米。年龄较大的母牛中，妊娠90天时，才能注意到孕角子宫中动脉有大小方面的变化，其直径0.32～0.48厘米，妊娠120天，子宫中动脉直径为0.6厘米，妊娠180天，其直径约为0.9～1.2厘米。妊娠210天，其直径约为1.2厘米，妊娠240天，其直径为1.2～1.6厘米，270天其直径为1.2～1.9厘米。与此同时，非孕角子宫中动脉亦扩大，但其变化不如孕角子宫中动脉变化那么显著。随着子宫中动脉变得粗大，其脉管亦变薄，并以其特有的“呼呼转”的声音或“颤动”取代了原来子宫中动脉的脉搏跳动。这种现象一般最早出现在妊娠90天的母牛中，但也可能有不同。在妊娠 4～5 个月，子宫中动脉的颤动是可能触诊到的。若把子宫动脉压得太紧，其颤动就可能停止，从而感觉到脉搏。触摸部位越接近于该动脉起始部，就越能明显地感知子宫中动脉的颤动。在妊娠晚期，轻轻触诊该动脉即可触知像一股急促的水流不断地在薄橡皮管里的流动感。在妊娠 5～6 个月，当子宫向前落入腹底时，触诊不到胎儿，此时子宫中动脉大小的变化及其颤动则有助于妊娠诊断。子宫中动脉的变化是很有价值的，它有助于诊断妊娠的阶段。若两侧子宫中动脉同样膨大，应怀疑双胎的存在。还可以诊断子宫中的胎儿是否还活着。在妊娠晚期，其他的子宫动脉如子宫后动脉亦相应地变大。

非孕角的子宫中动脉在其大小方面差异颇大。绝大多数妊娠牛的一部分或者整个非孕角参与胎盘的附着时，非孕角的子宫中动脉颤动才明显起来，但是 10%～20%的母牛妊娠后期并不明显。

5. 胎儿的发育变化 在早期妊娠检查中一般触摸不到胎儿，所以摸胎儿不是早期妊娠检查的内容。在 75～90 天胎龄的时候，胎儿为实体，漂浮在孕角，但是故意去摸胎儿是不必要的。当妊娠约 2 个月时，在直肠检查时将孕角勾起，有一定沉重感，并触到圆形物时，不必去拿捏，以免引起流产。胎儿在子宫中的大小参见表 3-4。

表 3-4 妊娠期间奶牛胎儿的发育变化

妊娠期（天）	胎儿重量（克）	胎儿长度（头顶部至臀部，厘米）
30	0.3	0.8～1
60	8～15	6～7
90	100～200	10～17

续表 3-4

妊娠期(天)	胎儿重量(克)	胎儿长度(头顶部至臀部,厘米)
120	500～800	25～30
150	2000～3000	30～40
180	5000～8000	50～60
210	9000～13000	60～80
240	15000～30000	70～90
270	25000～50000	70～95

其他月龄一般触摸不到胎儿。但是到妊娠6个月之后,直肠检查往往能摸到胎儿的肢端。临产前,胎儿进入盆腔,这个时候做直检的目的不在于判定是否妊娠,而是要得知该牛的胎位、胎势,胎儿是否存活等问题,因此,也是十分重要的。

6. 卵巢的变化 排卵之后,在破裂的滤泡处长出黄体。若卵子发生受精,而且受精卵和胚胎的发育又是正常的,则黄体继续维持并发展直至妊娠结束。在大小方面,妊娠黄体与性周期黄体没有什么区别。然而当妊娠继续时,黄体趋于发育成黑棕色,在大量上皮层覆盖之下,妊娠黄体在卵巢表面的突起程度就较差。在整个妊娠期中,妊娠黄体将维持其大小。妊娠黄体大多数都位于与孕角同侧的卵巢上,仅约2%以下的妊娠黄体位于非孕角一侧的卵巢上。所以在配种10～25天,通过直肠检查发现一侧卵巢上有一正常的黄体而又不发情,术者有理由认为母牛已孕。40～50天,通过再次检查,认定该侧卵巢依然存在黄体,与此同时受孕的子宫角发生典型的变化,则可进一步确定母牛已孕。妊娠的4～5个月,摸不到卵巢,此时不要把子叶或羊膜囊当成卵巢。因此,卵巢在妊娠诊断上有特定的意义。

(二)阴道检查法

阴道检查可用开膣器带光源观察阴道的变化或用手检查，对直肠检查具有一定辅助性诊断意义。当妊娠时，阴道黏膜通常是苍白、干燥而黏稠的，比发情后期所见更干稠。

子宫颈口苍白、紧锁。有 60%～70% 的妊娠母牛，在子宫颈口处可见到黏液塞，在妊娠的 20～80 天之间，且随孕期的延长不断增大。有些牛的黏液塞是半透明带白色的黏液，其性状强韧而带黏性。特别要注意的是在分娩或流产前，黏液塞流失，变成线状排出，阴道黏膜较湿润、充血，子宫颈呈膨胀状态。因此，子宫颈黏液塞的变化可以揭示即将发生流产或是分娩。

随着妊娠的进展，胎儿长大，子宫体坠入腹腔，随之子宫颈被拉向前，阴道腔的长轴就被拉长。而临产之前，胎儿重返骨盆腔，子宫颈被顶向后方，这也是临产与妊娠后期的重要区别之一。

(三)外表观察法

外部表现变化观察法。母牛配种后一个发情期内不发情，通常不能确定受胎。如果母牛 1～2 周后食欲增加，行动谨慎，性情变得温驯，被毛变得光亮，体膘有所改善，则可以初步视为妊娠。但这样的母牛在妊娠后 70～80 天还可能有发情表现，即孕后发情，每 100 头妊娠母牛中大概有 6 头会有这种现象，如果不做妊娠检查就给输精，会引起流产，造成不必要的损失。配种后 4～5 个月时母牛腹围出现左右不对称，右侧腹部突出，乳房开始胀大，并且一直没有发情征兆，则大多是妊娠了。有的母牛在此阶段，产奶量很快下降，也可以作为参考。孕牛产前1～2周，行动缓慢，躲避别的牛只，腹部膨大，乳房胀大，体重明显增加，已进入预产期，此时必须引到产房单独喂养。待骨盆、尾根松弛时即将临产，如果频频抬尾根，就快要分娩了，要及时铺好褥草，等候接犊和必要的助产。

在生产中，农户在母牛配种后约5个月时可以做腹部触诊。做法是在母牛的右侧腹壁用手推压，可感到胎动，术者有间断地推向腹壁，每次可以触觉团状物或有蠕动。1～2个月后可以在右腹侧用听诊器听到胎儿心脏搏动音，为妊娠无误。

触诊方法不宜用于早期妊娠诊断，但对于养牛者是必须掌握的常识，是对以上3种妊娠检查结果的补充。

(四)孕酮水平测定法

根据妊娠后血中及奶中孕酮含量明显增高的现象，用放射免疫和酶免疫法测定孕酮的含量，判断母牛是否妊娠。由于收集奶样比采血方便，目前测定奶中孕酮含量的较多。试验证明，发情后23～24天取的牛奶样品，若孕酮含量高于5纳克/毫升为妊娠，而低于此值者为未孕。本测定法所示没有妊娠的阴性诊断的可靠性为100%，而阳性诊断的可靠性只有85%。因此，建议再进行直肠检查予以证实。

(五)超声波诊断法

是利用超声波的物理特性和不同结构的声学特性相结合的物理学诊断方法。国内外研制的超声波诊断仪有多种，是简单而有效的检测仪器。目前，国内试制的有两种，一种是用探头通过直肠探测母牛子宫动脉的妊娠脉搏，由信号显示装置发出的不同声音信号，来判断妊娠与否。另一种是探头自阴道伸入，显示的方法有声音、符号、文字等形式。重复测定的结果表明，妊娠 30 天内探测子宫动脉反应，40 天以上探测胎心音，可达到较高的准确率。但有时也会因子宫炎症、发情所引起的类似反应，干扰测定结果而出现误诊。

有条件的大型奶牛场也可采用较精密的 B 型超声波诊断仪。其探头放置在右侧乳房上方的腹壁上，探头方向应朝向妊娠子宫角。通过显示屏可清楚地观察胎泡的位置、大小，并且可以定位照相。通过探头的方向和位置的移动，可见到胎儿各部位的轮廓，心脏的位置及跳动情况，单胎或双胎等。

在具体操作时，探头接触的部位应剪毛，并在探头上涂以接触剂（凡士林或液状石蜡）。

第四和第五种方法在农村养殖条件下并不可行，然而对于高产母牛和要留种的情况下，尤其在现代化的胚胎移植中心，是十分必要的检查手段。

七、妊娠母牛接产日期推算

通过预产期推算，可准确地预知妊娠母牛分娩日期，在奶牛管理上是一件十分重要的事情。一是预产期前 2 个月必须停止挤奶，保证泌乳母牛恢复体力，预备下一个泌乳期的高产；二是准备接产工作，如备好临产前 7～10 天的必备饲料；三是消毒产房，准备好接产的器械，在必要时进行助产；四是准备好初生犊牛护理、打耳标及哺育等工作。

在任何规模的奶牛场，为了不耽误接产这个重要的生产环节，可参照下列奶牛分娩期推测表（表 3-5）。个别母牛的预产期可能有早有晚，但此表可以预知十分接近的预产期。如果与分娩期推测表出入很大，应该检查母牛的健康情况及胎儿的发育有无异常等问题。

表 3-5　奶牛分娩期推测

配种月的日期	配种月份											
	1月	2月	3月	4月	5月	6月	7月	8月	9月	10月	11月	12月
	产犊月份											
	10月	11月	12月	1月	2月	3月	4月	5月	6月	7月	8月	9月
1	8	8	6	6	5	8	7	8	8	8	8	7
2	9	9	7	7	6	9	8	9	9	9	9	8
3	10	10	8	8	7	10	9	10	10	10	10	9
4	11	11	9	9	8	11	10	11	11	11	11	10
5	12	12	10	10	9	12	11	12	12	12	12	11
6	13	13	11	11	10	13	12	13	13	13	13	12
7	14	14	12	12	11	14	13	14	14	14	14	13
8	15	15	13	13	12	15	14	15	15	15	15	14
9	16	16	14	14	13	16	15	16	16	16	16	15
10	17	17	15	15	14	17	16	17	17	17	17	16
11	18	18	16	16	15	18	17	18	18	18	18	17
12	19	19	17	17	15	19	18	19	19	19	19	18
13	20	20	18	18	16	20	19	20	20	20	20	19

续表 3-5

配种月的日期	配种月份											
	1月	2月	3月	4月	5月	6月	7月	8月	9月	10月	11月	12月
	产犊月份											
	10月	11月	12月	1月	2月	3月	4月	5月	6月	7月	8月	9月
14	21	21	19	19	17	21	20	21	21	21	21	20
15	22	22	20	20	18	22	21	22	22	22	22	21
16	23	23	21	21	19	23	22	23	23	23	23	22
17	24	24	22	22	20	24	23	24	24	24	24	23
18	25	25	23	23	21	25	24	25	25	25	25	24
19	26	26	24	24	22	26	25	26	26	26	26	25
20	27	27	25	25	23	27	26	27	27	27	27	26
21	28	28	26	26	24	28	27	28	28	28	28	27
22	29	29	27	27	25	29	28	29	29	29	29	28
23	30	30	28	28	26	30	29	30	30	30	30	29
24	31	12月1	29	29	227	31	30	31	7月1	31	31	30
25	11月1	2	30	30	3月1	4月1	5月1	6月1	2	8月1	9月1	10月1
26	2	3	31	31	2	2	2	2	3	2	2	2

续表 3-5

配种月的日期	配种月份											
	1月	2月	3月	4月	5月	6月	7月	8月	9月	10月	11月	12月
	产犊月份											
	10月	11月	12月	1月	2月	3月	4月	5月	6月	7月	8月	9月
27	3	4	1月1	2月1	3	3	3	3	4	3	3	3
28	4	5	2	2	4	4	4	4	5	4	4	4
29	5		3	3	5	5	5	5	6	5	5	5
30	6		4	4	6	6	6	6	7	6	6	6
31	7		5		7		7	7		7		7

注:本表按奶牛平均妊娠期 280 天推算。2 月份均按 28 天计算

八、提高母牛繁殖力的措施

(一)提高母牛繁殖力应做的几项工作

1. 加强选种 繁殖性状的遗传力虽然较低，但由于遗传变异大，所以加强选种可望提高繁殖力。

2. 合理饲养 饲料营养水平过高或过低均会影响奶牛繁殖力。因此，应给奶牛提供适量、全价的日粮，以提高繁殖力。尤其在奶牛日粮中添加钼和硒等微量元素以及β-胡萝卜素和维生素 E 等脂溶性维生素，既可增加产奶量，又可提高繁殖力。

由于棉籽饼中含有棉酚，对生殖细胞和胚胎发育有不良影响，所以在奶牛日粮中的比例不宜过高。此外，由于豆科牧草和豆科作物中含有植物雌激素，对奶牛发情和妊娠有干扰作用，故一次饲喂量不宜过多。

3. 加强管理

(1)防暑降温 夏季做好防暑降温工作，确保牛舍通风良好，并使用强力风扇、喷水降温装置，以及在炎热季节使奶牛感到舒适和改善生产性能的其他措施。

(2)缩短产犊至受胎间隔 采用定时人工授精方法可以缩短产犊至受胎间隔时间，即在母牛产后 50 天注射促性腺激素释放激素，第五十七天注射前列腺素 $F_{2\alpha}$，第五十八天再次注射促性腺激素释放激素，16～24 小时后进行人工授精。

(3)生殖疾病监控 测定奶或血中孕酮水平，是监测生殖疾病的常用方法。此外，应用超声图像法和测定血中妊娠特异蛋白 B (bPSPB)或妊娠糖蛋白 1 (bPAG-1)的方法，也可进行超早期妊娠诊断，监测胚胎死亡情况。

4. 保证精液质量 对配种前的精液，每批均应做精子活力、顶体完整率、畸形率、精子的密度及微生物含量等检查，以保证精液品质，提高受胎率。

5. 做好母牛的发情观察 据报道，漏情母牛可达20%左右，其主要原因是辨认发情征候不正确。为尽可能提高发情母牛的检出率，每天至少早、中、晚进行3次定时观察。

6. 适时输精 适时而准确地把一定量的优质精液输到发情母牛子宫内的适当部位，对提高母牛受胎率至关重要。因此，要求人工授精员通过观察或直肠检查确定卵泡成熟度，推测发情的持续时间和排卵时间，对每头牛的发情特点了如指掌，适时输精，并对每一发情周期做好繁殖配种记录。

7. 积极治疗繁殖功能障碍 对异常发情、产后50天内未见发情的牛只，应及时进行生殖系统检查，对确诊患有繁殖功能障碍的牛只，应及时进行治疗，并对这些母牛做病史记录，跟踪观察。人工授精员应熟练掌握治疗繁殖功能障碍的药物、药理作用、剂量及用法。

8. 加速繁殖新技术的推广和普及 目前，我国对奶牛的早期妊娠诊断、同期发情、胚胎移植等繁殖新技术做了不少工作，取得一定成效，但与国际先进水平相比，还有很大的差距。今后，除继续加强繁殖新技术的研究之外，还须根据我国的实际，推广和普及繁殖新技术，以期较大幅度地提高奶牛繁殖力。

(二)繁殖力指标

为了提高本地区或本牛场母牛的繁殖效率，要年年对母牛群的繁殖效率做好统计工作，不断总结，发现问题，提出改进措施，以取得进步。

奶牛繁殖力是指奶牛维持正常繁殖功能、生育犊牛的能力。衡量奶牛繁殖力的指标主要有受胎率、配种指数、产犊率、产犊间隔、犊牛成活率、繁殖率等。

1. 总受胎率　总受胎率是指经过一次或多次配种，妊娠母牛头数占全年参加配种母牛头数的百分率。总受胎率一般要求在90%以上。其计算公式：

$$总受胎率(\%)=\frac{年内受胎母牛总头数}{年内配种母牛总头数}\times 100\%$$

2. 情期受胎率　指妊娠母牛头数占总配种情期数的百分率。奶牛情期受胎率一般为50%左右，优秀的指标应在70%～90%。其计算公式：

$$情期受胎率(\%)=\frac{年受胎母牛总头数}{配种总情期数}\times 100\%$$

3. 第一情期受胎率或一次情期受胎率　指第一个情期配种后，妊娠的母牛占配种母牛的百分率。后备牛的第一情期受胎率一般要求达65%～70%，经产牛为55%～60%。其计算公式：

$$第一情期受胎率(\%)=\frac{第一情期受胎母牛头数}{第一情期配种母牛总数}\times 100\%$$

4. 不再发情率(不再返情率)　指受配后一定期限内不再发情的母牛数占该期限内配种母牛总数的百分率。不再发情率又可分为30天、60天、90天及120天不再发情率。奶牛配种后60天的不再发情率通常要求低于30%。这个指标是不做妊娠检查时，根据配种后母牛没返情的记录，对母牛群受胎情况的估计。

$$X天不再返情率(\%)=\frac{配种\ x\ 天后未再发情母牛头数}{配种\ x\ 天内受配母牛总数}\times 100\%$$

5. 每次妊娠平均配种情期数(配种指数) 指参加配种母牛每次妊娠的平均配种情期数,奶牛配种指数一般要求为1.5～1.7。

$$配种指数=\frac{配种情期数}{妊娠母牛头数}$$

6. 产犊率 是衡量奶牛繁殖性能的综合指标。

$$产犊率(\%)=\frac{本年度出生犊牛总数}{上年度末成年母牛头数}\times 100\%$$

7. 平均产犊间隔 表示繁殖母牛的连产性。奶牛的平均产犊间隔以365～380天为宜。

$$平均产犊间隔=\frac{总个体产犊间隔(天)}{产犊母牛总数}\times 100\%$$

8. 犊牛成活率 指出生后3个月时成活的犊牛数占产活犊牛数的百分率。由此可以看出犊牛培育的成绩。

$$犊牛成活率(\%)=\frac{生后3个月成活犊牛数}{总产活犊牛数}\times 100\%$$

9. 年繁殖率 指年度内出生的犊牛头数占本年度初应繁殖母牛头数的百分率,一般在下年初统计,主要反映牛群增殖效率。

年繁殖率(%)=[年内分娩总头(次)数＋足月死胎＋出售牛中预测年内分娩头数－购入母牛年内分娩头数]÷(年初满18月龄以上母牛头数＋年初18月龄以下在年内分娩头数)×100%

其中:分娩总头数指生下的活犊和279天以上所生的死犊头数;出售母牛必须验胎确认;双胎算1头。

10. 繁殖成活率 本年度内断奶成活的犊牛头数占该年牛群中适繁母牛总数的百分率。

这是一个反映总效率的指标,有时也把该指标叫做牛群年内繁殖效率。

$$繁殖成活率=\frac{年内断奶成活犊牛总数}{年内适繁母牛总数}\times100\%$$

九、误诊为妊娠的异常胎情

生产上经常会出现诊断为妊娠而不能产犊的情况，这就是误诊为妊娠的异常胎情，常见的有胎儿干尸化和子宫蓄脓等。

(一)胎儿干尸化

也称胎儿木乃伊。木乃伊胎儿是形成胎儿后，母牛受惊吓等原因中断供血，使胎儿失去营养供应而死亡，在无菌状态下慢慢干化而成。胎儿死亡一般发生在妊娠后 4～5 个月时，但 2 个月前妊娠诊断可能确诊为怀孕。怀这种干尸胎儿的母牛到妊娠后期腹围不见增大，超过预产期没有临产征兆。乳房不肿大，反而渐渐萎缩，阴门常呈干缩。在查阅配种记录时，确认为妊娠。母牛显得精神欠佳，被毛杂乱粗糙，有的出现低热。直肠检查可发现子宫颈在骨盆前缘，宫体沉重，可摸到不规则的圆形物，却无子叶在胎膜上，子宫中动脉无妊娠样颤动。如果胎儿干死时间不长，中动脉时现时无，说明胎气已经中断。

用前列腺烯醇肌注 0.2 毫克/支×3，也可加雌激素，加速胎尸排出。10～18 小时后在子宫口开张时，用助产法，对干涩的胎儿周围做液体石蜡灌注，然后缓缓拉出死胎。随之用清宫液冲洗，并投入抗菌药物。干死胎常为暗褐色，发臭。初死的胎儿，内有暗褐色胎液。

(二)子宫蓄脓

这种情况出现在母牛并未配种，又不发情的情况。直肠检查时可发现子宫角大小不对称，与妊娠子宫角的状态相混。触诊不到胎儿和子叶，也无胎动，子宫中动脉细小，无颤动，卵巢上黄体不大。子宫体膨大，有重感，其内容物可从一角移到另一角，但是无张力，触摸时无反应。如果初次检查不能断定结果，可以过1～2个月后再复检。如果妊娠中断，那么不会有胎儿和子宫增大的情况，检查时阴道往往排出带黏液的脓水，可以确定为子宫蓄脓。在阴道检查时可以发现无子宫颈黏液塞，也不会出现阴道稠黏液，无阻塞感，子宫颈比较容易打开。确认后可以用冲洗子宫的方法清洗子宫，治疗后一般半个月到20天会出现发情，可以顺利配种。这种病大多因母牛患胎衣不下和子宫内膜炎的情况下没有及时治疗，而延长了失配期，造成经济损失。

十、不正常的母牛

(一)非嬔牛

非嬔牛也称“弗里马丁”，是不能生育的母牛，常常是雌雄同胎的犊牛。因外生殖器为雌性的个体，一直没有淘汰，当发现不能配种时，在市场上卖掉，而买主不了解前情，当做正常母牛买进，在长期饲养中不见母牛发情，也没有发现腹围增大和乳房膨胀等征兆。

这种牛是雌雄同体，因雄性器官表现程度不一，雌性器官退化程度不一，所以存在着很大的个体间差别。直肠检查是确定该母牛是否为非孄牛的方法。通常这种牛找不到子宫颈或子宫角，并无卵巢，或只有类似囊状的波动物在子宫阔韧带附近。阴道检查时往往手只能摸到阴道前庭，无完整的阴道。如果做催情注射，也无发情反应，即可断定为非孄牛。

(二)流产母牛

在正常饲养管理的情况下，母牛流产是不可避免的，但在市场上买母牛时，不了解原委，把已流产的牛当做妊娠母牛买进就会遭受损失。妊娠 4～5 个月的母牛和刚流产的母牛之间，若不细心观察不易辨别。最易操作的办法是做阴道检查。已流产的母牛不但阴道可轻易插入手掌，而且子宫颈的黏液塞已溶解，宫颈开张，有淡红色液体流出，与妊娠母牛阴门紧闭、阴门前庭内膜苍白、干涩、有胶黏糊状物附着的情况截然不同，很易区别。

第四章　繁殖疾病防治

一、干奶期代谢性繁殖疾病

代谢失调会引发母牛繁殖力下降，产生各种不孕性病症。高产奶牛生理代谢负荷大，需要提供高的营养水平和科学的饲养管理，但由于认识不足，生产管理不当，甚至错误地提高或降低日粮营养水平，都必然导致母牛出现严重的疾病，轻的影响下一个泌乳期的产量，重的造成终身减产、不孕或死亡。因此，代谢性繁殖病的防治成为高产奶牛业的头号关注点，一旦发生疾病，除在饲料营养上进行调理外，必须立即治疗，以免出现严重的后果。

本节指的繁殖病不是指一般的繁殖器官疾病，也不是指纯粹的代谢病（如佝偻病、运输抽搐、产后血红蛋白尿症、铜缺乏症等），而是专指高产奶牛因营养失调产生的代谢病，并且都发生于干奶期，尤其是临产前 21 天到产犊这段时期。由营养不当引起的干奶期代谢性繁殖病有酮病、肥牛综合征和乳热症。

（一）奶牛酮血症

酮血症是奶牛特有的营养性疾病，高产奶牛得此病的概率更高。当日粮内蛋白质和脂肪过多，碳水化合物和维生素不足时，血糖量降低，使肝脏生糖作用增强，产生大量的酮体而发病。高产奶牛运动量不足，胰岛素分泌少也会引起此病。

酮病奶牛死亡和淘汰比率很高，最高达 40%以上，要及时防范。

1. 病　因　根据科学研究的结论，在高产牛群中酮病牛的出现率不应高过产犊期母牛的 3%。这个病是奶牛场经济损失的主要因素。损失表现在产奶量下降、治病费用高和病愈后母牛恢复不到正常生理状态下的产奶水平。母牛的酮病治好后产奶量较长期达不到正常泌乳水平，所引起的损失是由于其时间长的缘故，其损失远远大于治病期间的减产和治病费用这两项经济损失的总和。

酮病大多发生在产犊后的前 30 天，以后也连续发生，产后 60 天以内的出现比例占总发病数的 90%。具备高产潜力的奶牛在产犊后常出现净能不足的情况，这是由于产奶高峰期在产犊后 8～10 周出现，而母牛的干物质采食量要在产犊后 10～12 周才达到最高水平，即此时能量消耗大于能量吸收而产生能量亏损，母牛为了补充这种能量亏损，要动员大量体脂肪，使之在肝脏中转化供能来弥补不足。这种代谢情况的出现加重了肝脏的负担，在负担超过肝功能的时候，产生的是酮病，实际上肝脏在此时不能提供足够的葡萄糖来抵消能量的亏损。

由于肝功能无力及时补足泌乳的能量损失，这些母牛处于患病的边缘，事实上产犊母牛有 12%～34%的个体处于酮病的亚临床状态，因此饲养管理上轻微的失误会立刻将其推向有病状态。可见这阶段对母牛的精心喂养有多么的重要。

从致病原因上，酮病可分为原发性和继发性两种。

原发性酮病产生于单纯的日粮能量缺乏，没有其他病情并发的情况，出现该症状的母牛体况通常良好，甚至过肥，产奶量也不低。因为饲料质量较好，所以引发此病的因素有：产犊时过肥，日粮中蛋白质与能量之比不合适，干奶期过长，活动量不足等。

继发性酮病产生于其他病情促发的情况。下列各类病如：乳热症、乳房炎、子宫炎、瘤胃酸中毒、真胃能量供应减少等都能促使酮病发作。

2. 临床症状

(1)消瘦表现　母牛清瘦是最普通的形式。一般在不到4天内食欲减退，产奶量下降，最初精饲料采食量减少，但还爱吃干草，在病情发展到比较严重时，干草也拒食。此时体膘急速下降，牛只呼吸次数减少，尿酮检测呈阳性。

(2)神经性表现　这种症状表现为母牛突然出现兴奋和震颤。病牛通常步态冲撞，作打圈行走、倚于牛栏、舐管道等，出现“盲”状病态，口不停咀嚼，大量流涎，步伐失调。这种兴奋症状持续一二天后，转为精神委顿，步态蹒跚，似产后瘫痪或昏迷。

(3)亚临床症状表现　亚临床表现不是很明显，因为病症是渐渐加重的。这个过程中产奶量下降，每天可下降1～1.5千克，受胎率低下。经济损失在病因没有搞清楚之前已经形成，因此，不出现消化性和神经性症状之前酮病早已在身，产奶量和受胎率在不知不觉中都已下降，故对牛群必须时刻观察。

3. 治　疗　提高血糖含量，可静脉注射25%～50%葡萄糖注射液500～1 000毫升。为中和血液酸度，可静脉注射5%碳酸氢钠注射液300～500毫升，与20%安钠咖注射液10～20毫升混合，每日1次，连续7～10天；也可灌服碳酸氢钠20～30克，1日2～3次。

出现昏迷的情况下，可皮下注射胰岛素80～100单位，静脉注射葡萄糖(方法同上)。

出现神经症状时,静脉注射5%水合氯醛注射液,或25%硫酸镁溶液100~200毫升。

补饲健胃剂、瘤胃兴奋剂、维生素A、维生素B_1、维生素B_{12}和维生素C等。

喂服大枣汤,以10枚大枣,加生姜50克,并红糖、白糖各200克,煎成1升汤剂,早晚各1次。该剂连饮10日(付),直到临产,这对于具有高产遗传潜力的母牛有良好的预防效果,以维持产犊及正常泌乳。

4. 预 防 干奶后期的日粮调控是防止酮病发生的主要措施。

第一,要使母牛在泌乳后期避免过肥,要争取让临产母牛体膘保持在3~3.5分状态。

第二,在干奶期不要让母牛膘情有很大变化。

第三,在泌乳初期日粮中不要有过高的蛋白质比例,包括可消化粗蛋白质和非可消化粗蛋白质,使之不要超过40%,过量的比例都会增加酮病的发生率。

第四,避免日粮含有过高的碳水化合物和过低的纤维素,日粮中酸性洗涤纤维比例应该在19%~21%。这个阶段日粮中粗料的比重最好占30%。干草的长度不要短于1厘米,合适的长度为4~5厘米。这样可以防止酸中毒,避免诱发酮病。有人将秸秆打成粉,以为能提高母牛消化率,这是事与愿违的做法,不宜提倡。

第五,为了提高日粮的能量水平,可以适当饲喂动、植物油脂。

第六,在预产期前2~3周时就要做好计划,从每天喂1千克精饲料开始,增加到每天喂3千克,同时搭配优质干草,如羊草、黑麦草，并且与泌乳早期喂用的干草质量一致，不要随意换草，以保持正常的食欲。干草喂量每天2～2.5千克。

第七，母牛每天运动不得少于1小时，没有放牧条件的，要做驱赶运动，使慢步行走。

第八，不要喂太多的青贮，一般每天饲喂2.5～3千克。可防止瘤胃酸中毒和乳房水肿。

这个阶段须做好日粮阴阳离子平衡调剂，见有关章节。对于体况评分高于3.75分的母牛，要防止酮病的发生。此时的日粮干物质要保持在10.5千克，产奶净能为每千克1.33兆焦，不宜过高。产前1周对大量喂豆饼、苜蓿草和三叶草的牛要调整到少量，或是不喂。

(二)肥牛综合征(牛妊娠毒血症)

患牛有中度肝脏脂肪综合征的，也称脂肪肝病，是高产奶牛在产犊期间或接近产犊期间的常见病。

1. 病　因　此病是由于母牛的饲料采食量减少，消化和吸收的能量少于犊牛发育和牛奶生产所需的能量而造成的。能量短缺引起母牛动员其体内贮存的脂肪以弥补其不足。因为脂肪要进入肝脏进行代谢，当此过程发生时，肝脏和肌肉两者会产生脂肪超量的浸润，在这种超量浸润之下引起肝脏组织出现结构性破坏，导致食欲减退和精神抑郁。肝脏在大量脂肪侵入后结构受破坏，病态进一步加重。一旦肝组织功能衰竭，母牛变得虚弱、饮食废绝和虚脱，在1～2天内如不救治，则无法挽回。

2. 临床症状

(1)轻度症状　肥牛综合征的临床症状，通常看起来像初期的酮病，在临床上这两种病不易区分。一般在产犊时出现精神沉郁，食欲废绝，瘤胃蠕动微弱，产奶量少或者无奶，目光呆滞，步态强拘，体温上升超过39.5℃，粪液稀、恶臭等症状。

（2）重度症状　母牛出现重度症状的情况常常在产犊后数天之内，尤其是该母牛有过乳热症、酮病、胎衣不下、乳房炎等，以及产犊时出现真胃移位等病症的情况时。在治疗中母牛对于对症治疗往往反应不佳，出现拒食和严重的酮病症状，粪干燥而量少，尿具酮味，不出数日牛只不能站立，消瘦，乳房肿胀，乳汁稀而黄，呈现脓样，子宫弛缓，出现恶露。7～10日内要是抢救不得力，会无可挽回地死去。肥牛综合征是干奶期营养失调引起的，难以治疗。因此，从营养管理上入手是防止出现该病的好方法。

3. 治　疗　提高血糖含量是治疗肥牛综合征的关键。常用的有以下几种治疗方法，可任选1或数种：①50%葡萄糖注射液1 000毫升，1次静脉注射，产前5天开始注射；②50%右旋糖酐注射液，静脉注射，第一次用1 500毫升，第二次和第三次用500毫升。每天1次，共2～3次；③25%木糖醇液500～1 000毫升，1次静脉注射；④对于临床表现严重的，要强调丙二醇治疗，使每日口服量达到250毫升，在产犊前7天到产后10天连续灌服；⑤胰岛素200～300单位，每天2次，皮下注射；⑥产前2个月用牛生长激素（BST）注射，防止泌乳后期过肥，对于有不孕症病史和易肥胖的母牛效果较好，是防止不孕的基础疗法；⑦烟酸12～15克，1次口服，连续3～5天；⑧氯化胆碱50克，1次口服或10%氯化胆碱液250毫升，1次皮下注射；⑨泛酸钙200～300毫克，配成10%注射液，1次静脉注射。

对体温升高的牛，用金霉素和四环素各200万～250万单位，1次静脉注射，每天2次。为防止氮血症，用5%碳酸氢钠液 500～1 000 毫升，1 次静脉注射。为改善食欲，调整日粮阴阳离子浓度，用硫酸镁 300～500 克，加水灌服，连续 3 天。

4. 预　防　首先，要防止母牛在泌乳后期的膘情过好。用现在推广的母牛体况评分法，及时给母牛打分，及时调整体况。在母牛预计干奶日的前 120 天，干奶日、产犊日和产后 40 天、100 天和 120 天这 6 个日子进行体况评分，追踪膘情变化来发现病牛。现代化牛场利用电脑软件，根据母牛体况评分的曲线上判断这头牛的膘情是否合适，来及时调整饲养水平，达到预防的目的。

其次，不要使干奶期太长。造成干奶期长的原因通常是繁殖功能障碍，后果是将泌乳期延后，而繁殖功能障碍许多都是与饲养管理有关的，干奶期应短于 60 天。

再次，饲喂足量的干草，补饲碘盐和含钴矿物质，加强驱赶运动。产犊后加强观察母牛发情表现，在产犊后第七至第八周可以做直肠检查，按母牛繁殖配种记录，登记生殖器官的周期变化，避免漏配，防止干奶期过长。

(三)乳热症(产后瘫痪)

乳热症又名产褥热、产后瘫痪、低血钙症等。也是奶牛代谢病之一，多数发生于产犊前后，其特点是食欲缺乏、衰弱、抑郁、衰竭。

1. 病　因　出现这些病状多因血钙过低，与其他代谢病的原因相似，都是钙消耗超过吸收所致。钙在肌肉收缩上起着重要的作用。它将神经“信息”传递给肌肉纤维，当钙含量极低时肌肉纤维发生震颤，到极度缺钙的情况下，肌肉紧张度完全丧失而引起衰竭。

产犊会立即引发泌乳反射，当泌乳生理一启动就会立刻引起对钙素的动用。对初乳产生生理的研究表明，每产出10千克初乳需用23克钙素，是血液平常含钙量的10倍。母牛体内要调动出大量钙质到血液中以满足要求，这些钙来源于小肠吸收的钙，加上从骨骼内抽调的钙。此时那些不适应突然提供大量钙素的母牛，立刻处于低血钙状态，从而促发乳热症。所以，这种处于亚临床症状的低血钙症颇受关注，母牛群中可能有50％是处于这种状态。在这类牛群中发现在产犊后1～2周内发病的都是缺钙严重的个体，这些亚临床症状牛的瘤胃蠕动减弱，食欲不振，并且加重了产犊母牛的能量负平衡，因此对母牛产奶能力造成严重的影响。

乳热症的发生率因牛场而异。一般情况下全舍饲牛场多于放牧与舍饲结合牛场。牛群发生率可高达25％～30％，少的也在3.5％～9％。该病也与母牛年龄，高产牛个体和干奶期日粮配方有关。发生乳热症的主要因素有以下几点。

(1)年龄　牛年龄越大、产奶量越高，在泌乳开始时对钙的需要量越高，而母牛从其骨骼动员贮存钙的能力却随着年龄越大而力度越小。同时，从消化道吸收钙的能力也降低。1头高产的老龄母牛很难适应泌乳初始期的钙营养缺乏状态。这个趋势使大多数乳热症临床病症出现在第三泌乳期。

(2)产奶量　高产奶牛必须动用大量的钙素来维持泌乳，因此促发亚临床症状和临床症状的危险随着高产遗传能力的提高而越来越大。高产牛群的乳热症发病率都比较高，在产犊期要更加注意。

(3)临产前母牛日粮缺陷　日粮中比较突出的问题有三个，钙、磷和阴离子平衡。这在围产期营养一节有介绍，这里加以简要说明。

①钙　当围产期日粮中钙含量超过100克/头时，极易发

生乳热症。因为干奶期母牛每天钙的需要量只有 30 克，当钙喂量超过 100 克时，牛被动地从肠道吸收钙素，当产犊时这种低能吸收钙的状态成为一个缺点，母牛必须积极地提高从肠道吸收钙的能力，然而这种牛缺乏这种起动机制，要具备该代谢机制需要好几天的过渡，而出现乳热症的速度要比母牛具备从血液中提取钙的能力的速度快，因此而发病。

②磷　干奶后期母牛日粮磷含量高于 80 克时也会增加乳热症的发生率。最新的建议磷需要量是每天 40 克。高水平磷会减弱维生素 D 的活化作用，而维生素 D 是保证小肠吸收钙的重要物质。

③阴离子平衡　近期研究证明，产犊前日粮阴离子不平衡与发生乳热症有密切关系。干奶期结束时的日粮通常有大量的阴离子物质如氯化物和硫化物，对健康有好处。而日粮中阳离子如钠和钾含量高了，就会增加乳热症的发生。

因此，在干奶期结束前提高日粮硫含量和平衡阴阳离子是十分重要的防治乳热症的手段。提高日粮维生素 D 的含量，促进小肠对钙的吸收，也有助于从骨骼中吸取钙素。降低日粮钙、磷水平，其含量均调整为日粮的 0.3%，钙、磷比为 1∶1。

2. 临床症状　母牛分娩后表现精神沉郁、食欲不振、瘤胃蠕动废绝。后躯摇晃，左右肢交替踏脚，不能伸直，肌肉震颤。在四肢肌肉强直消失后，倒地的牛无力站起，浑身出汗，肢体冰凉，体温偏低。瞳孔扩大，对光反应迟钝。有的牛产犊后第一次挤初乳后反应迟钝，不到 20～30 分钟卧地后不起，头颈扭向一侧，背线呈大"S"状姿势，这是母牛产后瘫痪的典型症状。发现以上情况，应立即治疗，如果脉搏急速，甚至号不到脉搏、听不到脉息，瘤胃臌胀，瞳孔对光完全无反应，则会立即死亡。

该病可分 3 个阶段。

兴奋阶段：表现为神经过敏和肌肉震颤，病牛不愿行走，无意采食，过门坎时，步态不稳，经常绊跌或跌倒不起，但一般发现时已进入第二阶段。

开始衰竭阶段：病牛呈坐姿，无精打采，头向后胁部扭转，鼻镜干燥，皮肤和四肢发冷，肛温下降到 36℃甚至更低，心跳加速，瘤胃轻度臌胀。

危险阶段：病牛极其衰弱，头部垂伸于前肢，几乎达到昏迷状态，侧身卧，无力站起，引发瘤胃臌胀，此时若不能解除胀气和衰竭状态，会立即死亡(图 4-1)。

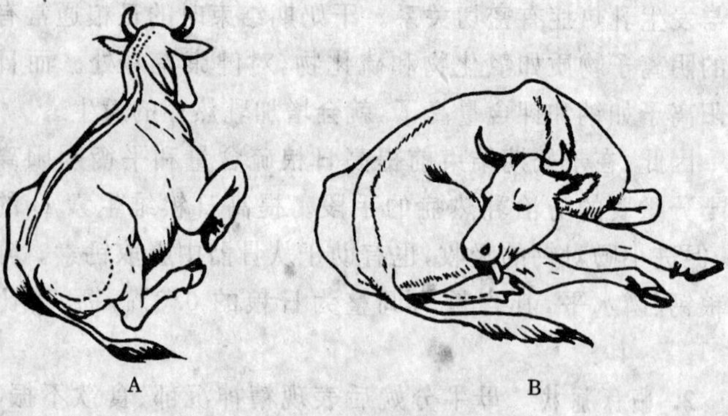

图 4-1　乳热症病牛卧姿

A. 轻型瘫痪姿势　B. 重型瘫痪姿势

(摘自奶牛疾病)

研究发现，此期病牛的钙、磷、镁在血清中含量如表 4-1 所示，病牛多为低血钙、低血磷和高血镁的症状。

表 4-1 产后瘫痪母牛血清矿物质浓度 (单位:毫克/100 升)

母牛状态		钙	磷	镁
正常牛	正常泌乳牛	8.4～10.2	4.6～7.4	1.9～2.6
	正常分娩牛	6.8～8.6	3.2～5.5	2.5～3.5
产后瘫痪牛	第一阶段	4.9～7.5	1.0～3.8	2.5～3.9
	第二阶段	4.2～6.8	0.6～3.0	2.3～3.9
	第三阶段	3.5～5.7	0.6～2.6	2.5～4.1

如果血清镁浓度为 1.4～2.0 毫克/100 毫升时,病情就更为复杂。

3. 治　疗

(1)药物治疗

处方 1:橙皮酊 150 毫升,复方大黄酊 200 毫升,混合后一次内服。

处方 2:10%葡萄糖 1 000 毫升,5%糖盐水 1 500 毫升,0.05%氢化可的松 100 毫升,10%葡萄糖酸钙 300 毫升,10%氯化钾 100 毫升,10%氯化钠 500 毫升,10%安钠咖 40 毫升,10%维生素 D 160 毫升,1 次静脉滴注。5%樟脑磺酸钠 40 毫升,1 次肌内注射。或用其他健胃和缓泻中药方剂。静脉注射钙剂在药量剩下 1/3 时要注意监听心率,如果明显加快应立即停止。

处方 3 :青霉素 G 钾 640 万单位,200 毫升生理盐水稀释后 4 个乳室分别注入 50 毫升,即乳房送风。也可用青霉素 G 钾 560 万单位,链霉素 50 万单位,用 30%安乃近稀释,混合后 1 次肌内注射,1 日 2 次,连用 3 日。

处方 4 :0.2%硝酸士的宁 10 毫升,百会穴 1 次注射,2.5%维生素 B_1 20 毫升,1 次肌内注射。

(2)乳房送风　乳房送风是治疗乳热症的方法之一，操作方法为：先消毒乳房，将消毒后涂抹润滑剂的乳导管插入乳头管内，注入青霉素和链霉素各 30 万单位到乳池中，然后用打气筒送风，先送后方，再送同侧前方，四乳头逐一送风，每个乳头几分钟，要节奏均匀，不得过猛，让乳区渐渐臌胀，叩击有鼓音即止。用纱布扎住乳头，达到不漏气即可。在下午 5～6 时送风，翌晨牛起立时即可解开纱布。

乳房送风治疗的作用是提高乳房内的压力，使乳区内血管受压，流向乳房内的血液流量减少，停止泌乳，并使全身血压上升，血钙含量及血磷含量增高。乳房内打入空气后刺激乳腺的神经末梢后，兴奋大脑，消除抑制状态，可使瘫痪状态消失。送风器见图 4-2。

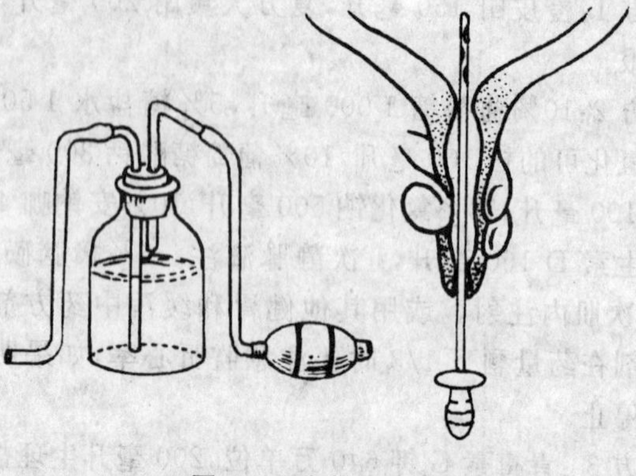

图 4-2　乳房送风器

摘自宣华等《牛病防治手册》

送风的空气消毒可以通过一个盛有 1%高锰酸钾溶液的容器过滤，再由另一玻璃管连接打气筒。

(3)激素疗法　在用补钙法疗效不佳时，可用地塞米松

20毫克,一次性注射。也可同时使用两法,疗效更佳。也可以在2 000毫升的葡萄糖生理盐水中加25毫克氢化可的松静脉注射,1日2次,连用2天。

(4)脊椎刺激疗法 该法用复方樟脑搽剂沿母牛脊椎从后向前涂抹,随即用麻袋或毯子覆盖到背上。此法可促使牛迅速康复。要同时补钙,方法如上。配制复方樟脑搽剂,用樟脑酒精4份,氨液3份,松节油1份,混合后使用。

4. 预 防 由于干奶期饲养管理不当使日粮配方营养失调并出现病症,详见表4-2。

表4-2 干奶期日粮的矿物质和维生素失调

饲喂原因	营养失调及其症状
1. 玉米青贮饲喂过多,饲喂高水分玉米,钙补充量不足,干奶牛精饲料量低	钙采食量低(<0.40%)
2. 磷补充量不足,高粗饲料低精饲料日粮	磷采食量低(<0.28%)
3. 干奶牛采食大量豆科牧草;钙补充量过高	钙采食量过高(0.7%~1.0%)
4. 磷补充量过多,精饲料饲喂过多	磷采食量过高(>0.40%)
5. 维生素D过量补充	维生素D摄入过量(每日每头>10万单位),可能导致组织钙化和心力衰竭
6. 大量饲喂低镁粗饲料,如玉米青贮、禾本科牧草	镁采食量低(0.2%)
7. 含钾水平高的粗饲料喂量超过1.5%	高钾日粮影响阳阴离子平衡(>1.2%)

续表 4-2

饲喂原因	营养失调及其症状
8. 高豆科牧草日粮,高 pH 值饮水(超过 8.5),精料量低于 1.5～2.5 千克,粗饲料或有效纤维饲喂不足,蛋白质摄入过量	矿物质吸收下降;瘤胃 pH 值超过 7.2;随着年龄的增加发病率提高(维生素 D 缺乏,消化道积食,缺少运动,便秘)
9. 硒补充量不足	硒缺乏(<0.1 毫克/千克),维生素 E 不足(每日每头<250 单位),牛患白肌病
10. 大肠杆菌乳房炎和其他产生有毒物质微生物、胃肠道后段积食和生殖道感染	毒血症
11. 分娩时受伤、奶牛卧下时引起的损伤	神经或肌肉损伤

从表 4-2 可见,加强产前母牛的饲养管理是有效预防乳热症的途径。

干奶牛应单独组群饲养,按干奶期营养需要合理配制日粮,提供充足的卫生的饮水,保证饲料不发霉变质。产前 2 周进入产房单独饲养,产房要经消毒,褥草要松软、干燥、清洁,避免外伤和细菌、病毒感染,有足够的活动空间。做好干奶期 6 个关键期的体况评分,控制适当的膘情。

合理的日粮对预防乳热症非常关键。干奶后期,日粮钙含量不得高于 100 克,同时磷低于 80 克,钙、磷比为 1～1.5∶1。各种维生素和矿物质的补充要根据当地饲料中各元素的实际含量合理补充。调整日粮阴阳离子平衡,科学使用阴离子盐,使日粮呈碱性,以适应干奶后期母牛的代谢生理。

牛群中有10%～15%患有乳热症时，则表明全群都有潜伏此病的危险。此时要调整全群日粮配方，做牛群的血清矿物质和维生素检测。

预防乳热症的制剂主要有钙胶炼剂、维生素D制剂和双氢速变固醇。

钙胶炼剂是对易患乳热症的母牛添喂的钙胶囊制剂。在临产前24小时，临产和产犊后10～14小时喂服，一管钙胶囊含150克钙。这种制剂目前市场上尚少商品供应，必须请科研院校特制，所以比较昂贵。在必要时应用。

维生素D制剂是多年来应用有效的制剂，也称沉钙胆固醇，它能提高小肠吸收钙的能力。在产犊前2～8天做肌内注射，剂量为1千万单位，或者以每45千克体重100万单位计算，如果预产期不准，打针后8天还没有产犊，可以再次注射1千万单位的维生素D_3。

双氢速变固醇，剂量为10毫克，1次肌内注射，具有良好的效果，同时静脉注射葡萄糖酸钙，可以减少本病的复发。

二、常见繁殖疾病

现代的高产奶牛是人类高度选择的结果，人们对高产奶量的追求使奶牛的生理负荷极大，加之营养失调，饲养管理不当等使奶牛的繁殖疾病增多，是影响饲养效益的重要一环。

奶牛的繁殖疾病多因营养失调，干奶期管理不当和产房护理不周等综合因素所致，最为常见的繁殖疾病及其治疗方法如下。

(一)卵巢萎缩

1. 症　状　功能减退的卵巢，其形状和质地没有明显变化，检查时触摸不到卵泡，也无黄体，有时在一侧卵巢上能感觉到有一个很小的黄体残迹。长时期不发情的母牛，卵巢往往变硬，体积明显缩小，小到如豌豆那样大。应隔1周再做直肠检查，观察其变化，如果连续2～3次检查卵巢仍无变化，即可确诊为静止卵巢。当卵巢萎缩时，子宫体也经常是缩小的，同时触摸子宫体的大小，可以提高诊断的准确性。

2. 治疗方法　促性腺激素释放激素(GnRH)及其类似物，肌内注射200～400微克，每日1次，连续2～3天。卵巢静止母牛，在用药11～30天后可恢复正常发情。

绒毛膜促性腺激素(HCG)，静脉注射2500～5000单位，或肌内注射1万～2万单位。

用维生素A、维生素D、维生素E做肌内注射，用维生素A加维生素D 10毫升、维生素E 6毫升，连续注射4～6天，在1个情期后再做直肠检查，确定下一步提高卵巢功能方案。

(二)卵泡萎缩

1. 症　状　有卵泡萎缩性卵巢的奶牛不出现发情表现。卵泡萎缩是由于卵泡发育受阻或发育进展缓慢。一般卵泡在发育的第三期时停止发育，也有少数母牛在发育第二期就停止发育，保持原状3～5天后逐渐缩小，卵泡波动减弱，卵泡的紧张性消失，母牛到下一个发情期也无发情表现。产犊后45～60天不发情的母牛要查清是营养问题还是卵泡萎缩所致，只有通过直肠检查才能确认。

2. 治疗方法　垂体促卵泡素(FSH)，肌内注射100～

200单位，隔日1次，连用2～3次，至出现发情为止。也可使用促性腺激素释放激素（GnRH）及其类似物、绒毛膜促性腺激素（HCG）治疗。

卵巢按摩。用手隔直肠做卵巢按摩，促使充血达到卵巢发育目的，每日1次，每次5～10分钟，共3次，20天后再做直肠检查。

子宫温浴。子宫口开张良好时用500毫升蒸馏水，加100单位促卵泡素灌入子宫体，促进子宫血液循环。在宫颈不张开时，注射垂体促卵泡素，第二天再做子宫温浴，一般做2次。在下次发情期，进行观察。

后两种方法都要同时加强饲养，如饲喂青草、干草或加喂麦芽等以补充维生素E，也可用DL-2-生育酚醋酸酯10毫升肌注。

（三）卵泡囊肿

1. 症　状　卵泡囊肿是卵巢囊肿的一种，患这种病的母牛多表现为慕雄狂，直肠检查时可以发现卵巢上存在1个或数个泡壁紧张有波动的囊泡，其直径超过2厘米，大的可达5～7厘米，囊壁比正常卵泡厚，有时存在许多个小囊肿。有时囊泡与正常的卵泡很相似，为了不混淆，应当隔2～3天再复查1次。正常的卵泡在这时候都该消失了，如果依然是囊泡或者发现囊泡有的长、有的短，呈现交替发生的情况，但不排卵，子宫角松软、无弹性、不收缩，就可以确诊为卵泡囊肿。

2. 治疗方法　促性腺激素释放激素类似物（GnRH），肌内注射400～600微克，每日1次，连续2～4次。总剂量不得超过3 000微克，15～30天可恢复正常发情。

垂体促黄体素（LH），肌内注射200～400单位，3～6天后囊肿消失，形成黄体，15～30 天后发情周期恢复，并形成黄体。若未见好转，可第二次用药，剂量增大。

绒毛膜促性腺激素（HCG），用法同治疗卵巢萎缩。

（四）持久黄体

1. 症　状　持久黄体症状是卵巢功能减退的另一种表现。持久黄体使发情周期停止，而表现为母牛不再发情。直肠检查时可以发现一侧有时是两侧卵巢增大，其表面有或大或小的黄体。该黄体质地比卵巢硬，对没有发情的母牛进行直肠检查后，再过 6～7 天复检，如在原来卵巢的同一部位触摸到同样的黄体，即可确诊为持久黄体。要注意的是妊娠母牛的黄体也是不变的。为了分清妊娠黄体与持久黄体的区别，必须诊断宫体。有持久黄体时，子宫大小和质地没有变化，有时是松软、下垂、稍粗大，触诊时没有收缩。而与妊娠黄体相应的子宫弹性会增强，有收缩反应。直肠检查和子宫触诊是确诊持久黄体时必须进行的。

2. 治疗方法　用前列腺素（PG）及其合成类似物，如前列腺素 $F_{2\alpha}$ 5～10 毫克，或氯前列烯醇 0.5 毫克，或氟前列醇 0.5～1 毫克，肌内注射，一般 1 周内黄体消退；若复检无效时，可隔 7～10 天重复用药 1 次即可。催产素，肌内注射80～100 单位，每 2 小时 1 次，连续注射 4 次，一般到 8～12 天时恢复发情。

如果是妊娠黄体，错误地使用以上药物则会引起流产，应该仔细进行直肠检查，避免误诊。

（五）黄体囊肿

1. 症　状　黄体囊肿在高产奶牛是比较多见的，原因是高产奶牛的催乳激素分泌很多，抑制了促性腺激素的分泌，使促黄体素的分泌量达不到应有的高峰水平。黄体囊肿母牛表现为发情周期不准，或出现断续发情，阴门黏液分泌量或挂线现象多少不定，屡配不孕。多次进行直肠检查后可以确诊。牛的黄体囊肿在卵巢上仅有 1 个，大小在 2 厘米左右，有的达 5～7 厘米。壁厚而软，无紧张感，从而区别于卵泡囊肿。

2. 治疗方法 在母牛发情比较旺的情况下，立即进行人工输精，同时肌内注射氯前列烯醇 0.4 毫克和促排 2 号制剂 100 毫克。两种制剂的作用是，前者使黄体溶化，使卵泡壁变薄，并促进子宫和输卵管平滑肌收缩，让精子顺利运动通过生殖道。促排 2 号诱导促黄体素的分泌，达到排卵的效果，促使精卵结合。此方法也可用于治疗卵泡囊肿。

在母牛长期不发情的情况下，诊断为黄体囊肿的母牛，首先要恢复卵泡活力，用维生素 A、维生素 D、维生素 E 和黄体酮做深部肌内注射。用量为维生素 A＋维生素 D 10 毫升，黄体酮 100～150 毫克，维生素 E 6 毫克。5 天为 1 个疗程，连续注射 2 个疗程。

也可采用中草药治疗。

方一：当归 100 克，肉苁蓉 100 克，番泻叶 50 克，木香 15 克，炒枳壳 30 克，厚朴 15 克，醋香附 40 克，瞿麦 15 克，通草 10 克。

方二：当归 100 克，赤芍 80 克，仙灵脾 100 克，阳起石 100 克，菟丝子 80 克，补骨脂 120 克，益母草 150 克，熟地 60 克，枸杞子 100 克，莪术 35 克，荆三棱 35 克。

方三：红花 45 克，当归 40 克，赤芍 40 克，川芎 35 克，生地 30 克，桃仁 30 克，荆三棱 30 克，莪术 30 克。

上方配合维生素 A、维生素 D、维生素 E 和黄体酮治疗，也适用于乏情、持久黄体、卵巢囊肿等病的治疗。

(六)排卵延迟

1. 症状 排卵延迟的表现为母牛发情后 24～26 天再发情。出现这种表现时,也要做直肠检查。因为卵巢囊肿的初期,与排卵延迟牛的卵泡不易区分,只能待三五天后检查卵泡是否消失还是依然囊肿状态,才能加以区别。

2. 治疗 可以选用促黄体素,或用促排卵素 2 号、3 号进行治疗。

以上 6 种都是卵巢发育系列的疾病,一般诊断检查时除直肠检查法最常用之外,也用实验室诊断法。实验室诊断有两种方法,一种是测定孕酮在血或奶中的含量,另一种是通过 B 超仪测定卵巢病变,称做 B 超诊断法。

孕酮测定法的原理是血浆孕酮放射免疫分析,这是辅助诊断卵巢疾病的有效方法。用放射标记的抗原,与血样中无标记的抗原,对专一的抗原做竞争性抑制反应,当原抗原含量高时,它与抗原的结合量大,此时标记抗体与抗原的结合物就少,两者呈相反的关系,测出的放射性抗原的结合率低,说明孕酮量大。

另一种是酶联免疫分析。这是酶标记的抗原抗体复合物,复合物反应的大小,代表孕酮含量与标准值对比,决定卵巢的活动状况。

卵巢静止的母牛血清孕酮含量每毫升小于 5 纳克,说明卵巢中没有黄体存在。卵泡囊肿时,孕酮含量极低,一般低于 1 纳克。黄体囊肿时孕酮含量高于 1 纳克。以每毫升奶或血清中孕酮值为 1 纳克/毫升,来区分卵泡囊肿与黄体囊肿可以比直肠检查法更为准确。

B超诊断法是应用超声波诊断卵巢囊肿的方法。原理是超声波对不同组织结构的声学反射、衰减及多普勒效应等物理学特性是不同的，正常组织与病理组织处在各种生理或形态变异等情况下的声阻抗有差异，产生的不同反射和散射经过信号接收和处理，显示在B超机的荧光屏上。卵巢囊肿时，其表面状况和体积大小在声像图上表现为囊壁光滑、界限清楚，与黄体囊肿不同。操作时将B超探头送入直肠后找到卵巢，再依次探找囊肿位置，可以区分以上两种不正常的病症。此法可以区分正常卵泡和黄体。由于卵巢囊肿与黄体囊肿存在的时间长短不同，所以都要复查，若2～3天后复诊时囊肿依然没有消失，即为黄体囊肿，两次检查发现的界限能重复时，可以确诊。

此法的缺点是费用昂贵，临床上应用有困难，在实验工作中有特殊用途。同时要求技术人员必须具备熟练的操作技术和丰富的经验。一般情况下，用孕酮法比较现实，生产中用直肠检查即可。

用于治疗繁殖功能不正常的药物如表4-3。

表4-3　治疗母牛不孕症常用药剂

商品名	作　用	生产厂家
促卵泡素(FSH)	促进卵泡发育，治疗卵泡静止、卵泡萎缩	南京动物激素厂，宁波第二激素厂
促黄体素(LH)	促进排卵，治疗排卵延迟	宁波第二激素厂
促排卵素3号(LHRH-A3) 促排卵素2号(LHRH-A2)	促进卵泡发育，促使排卵，治疗排卵延迟、卵泡萎缩、多卵泡发育	宁波市激素制品厂，南京动物激素厂，宁波第二激素厂

续表 4-3

商品名	作用	生产厂家
氯前列烯醇	溶解黄体，治疗持久黄体	上海计划生育科学研究所
15 甲基前列腺素（PGF2α）	溶解黄体，治疗持久黄体	上海第十二药厂，上海第五制药厂
氟美松	间接溶解黄体	大连第四制药厂
人绒毛膜促性腺激素（HCG）	促进卵泡发育、排卵并形成黄体；促进雄性动物睾丸发育	宁波第二激素厂
孕马血清促性腺激素（PMSG）	促进卵泡发育，治疗卵巢静止	宁波第二激素厂
缩宫素（催产素）	治疗胎衣不下，不下奶	宁波第二激素厂
黄体酮	治疗持久黄体	宁波第二激素厂
雌二醇	促进发情，治疗卵巢静止	宁波第二激素厂
三合激素	促进发情，治疗卵巢静止	上海第九制药厂，宁波第二激素厂
丙酸睾丸素	提高公畜的性欲	宁波第二激素厂
清宫液	治疗子宫内膜炎	中国农业科学院兰州畜牧与兽药研究所
宫炎清	治疗子宫内膜炎	华南农业大学
宫得康露它净	治疗子宫内膜炎	北京兽药厂
宫炎灵	治疗子宫内膜炎	吉林农业大学
促孕灌注液	促进发情	江苏盐城兽药厂

以上多为卵巢发育系列的疾病。以下多属产科疾病。

（七）子宫内膜炎

子宫内膜的炎症是阻止受精卵着床的原因。炎症严重时形成发炎部位周围组织粘连，甚至子宫颈口封闭，继发子宫蓄脓，如不及时治疗则屡配不孕，造成经济损失。产后感染、流产、难产、子宫脱、胎衣不下等，如果治疗不彻底会遗留子宫内膜炎的疾患。人工授精、本交时消毒不严，也会造成感染。

在产犊后的 20 天内为产褥期，是恶露排除阶段，在这个时期生殖道的损伤若得不到恢复，感染病菌后可引起急性炎症，应立即治疗。若未发现，此后 20～40 天母牛生殖道复旧，而感染区局部遗留转为慢性时可正常发情，但不受孕。10 天后若还未治疗，则成为隐性子宫内膜炎。

1. 症　状　常见的表现为母牛发情时子宫黏液不清洁，含脓丝，阴道流出物稀浓不一。不同病情的子宫内膜炎排出物性状有很大的区别。

（1）急性子宫内膜炎　表现为恶露排出期延长，多为稠黏液和脓性分泌物，阴道检查时可见宫口开张，黏膜潮红，炎性分泌物明显。直肠检查时子宫角复旧差，收缩反应弱，壁厚、有积液，全身症状轻微。

如果体温升高，甚至发热到 41℃，心动过速，食欲不振，则已引起子宫内膜坏死，或有胎衣未排净的腐败物，出现中毒或脓毒症。排出物为棕色或灰色，有臭味到恶臭。直肠检查时，恶臭物很快流出。

（2）慢性子宫内膜炎　表现为阴道分泌物浑浊，混有絮状物，此期可能出现混乱发情，直肠检查时，子宫角增粗、壁较厚，收缩弱。若冲洗子宫可发现回流液浑浊，有脓，阴门外可见脓痂。

(3)隐性子宫内膜炎　表现为发情周期基本正常，但屡配不孕，发情时排出物量大，稍有浑浊，冲洗子宫的回流物在静置后可见絮状物，积液不多。

2. 治　疗

(1)急性炎症　如果体温升高则按产后感染做全身性治疗。应用大量的广谱抗菌药物和大量补液，待体温下降后，做子宫冲洗，然后投入广谱抗菌药物。冲洗液应加温到40℃～45℃，常用的有生理盐水，0.05%～0.1%高锰酸钾溶液，0.01%～0.05%新洁尔灭液，0.1%雷佛奴尔液等。

(2)慢性炎症　用雌激素、催产素冲洗子宫，冲洗后分别投入青霉素和链霉素(或四环素)。也可用露它净、宫得康等合剂。复方碘液(5%)具有强杀菌力，可刺激子宫功能的恢复。

(3)隐性子宫内膜炎　在配种前用含有青霉素40万单位、链霉素0.5克的生理盐水或5%的葡萄糖溶液冲洗子宫。

(4)子宫积水或蓄脓　先要冲洗子宫，排净宫内积液。用特效前列腺素($PGF_{2\alpha}$)配合使用雌激素和催产素，促使宫颈开张，然后按子宫冲洗方法，排净宫内积液，到排出物清亮为止。再投入广谱抗菌药物治疗。

(5)新药碘沫制剂的应用　碘沫制剂是泡沫基质中加入巴斯夫公司生产的碘聚烯酮30/06，即碘与聚乙烯吡咯烷酮的络合物(中国药典名为聚维碘酮)，商品为圆棒状体(长8.5毫米，直径13毫米)，黏稠，深奶油色，每1个棒状体的重量为10克，溶化时间为18分钟左右，产生泡沫330毫升，pH值为5.9。具广谱抗菌、抗真菌、消炎和止痛作用，能改善生殖器官的增生过程，缩短病牛康复期。碘沫能增强子宫平滑肌的收缩能力，用药后0.5～1小时奏效，持续2.5小时。对胎衣不下做过人工剥离手术的母牛，一次将碘沫制剂输入子宫腔内，即能较好地预防子宫内膜炎的发生，有效率达 82.66%，不孕持续时间为 44 天，受精指数为 1.75 次，1 次人工授精后母牛的受胎率为 61.76%。碘沫制剂与其他药物使用效果比较见表 4-4。

表 4-4　碘沫制剂与其他药物对牛子宫内膜炎的预防效果比较

项　目	呋抗平	雌性生物素	碘　沫
头　数	37	37	68
输入制剂数(次)	2	3	1
给药间隔(小时)	48	24	—
有效率(%)	70.27	62.16	82.66
不孕持续时间(天)	58.3	63.7	43.7
受精指数	2.02	2.29	1.75
一次授精受胎率(%)	59.5	51.5	61.8

治疗母牛产后卡他性或化脓性子宫内膜炎，用栓剂输入子宫腔 2 次，治疗时间 3 天，历经 8.8 天即可康复，不孕的持续天数为 48 天，受精指数 1.95，1 次输精的受胎率为 67.4%(表 4-5)。

表 4-5　碘沫与其他药物治疗卡他性、化脓性子宫内膜炎的疗效对比

项　目	呋抗平	雌性生物素	碘　沫
头　数	82	103	83
输入制剂数(次)	4.1	4.8	2
治疗时间(天)	8.0±0.7	9.4±0.5	3.0
不孕持续时间(天)	56.5±4.1	61.7±3.8	48.0±3.0
受精指数	2.35±0.17	2.75±0.2	1.95±0.12
一次授精的受胎率(%)	58.5	49.5	67.4

本品无局部刺激作用，如致敏化作用、变态反应、胚胎毒性作用、致癌作用、诱变作用等，在宫体内能保持2昼夜，达到治疗效果。

(6)中药制剂“洁尔阴”的应用　用市售“恩威”牌洁尔阴洗液(每瓶120毫升)，配制成3%～5%浓度，取30毫升或50毫升，加蒸馏水至1000毫升即得上述浓度药液。治疗时每次用500～1 000毫升，导入子宫内，隔日重复1次，用药量因症状轻重确定。

(八)子宫出血

子宫出血是由妊娠母牛绒毛膜血管或子宫黏膜血管破裂所致。严重时可使母牛流产，并危及生命。该病的发生多数为外部原因，如孕牛受顶撞，地面打滑。这些是牛场不设置妊娠后期母牛栏单独饲养的缘故，也可能是助产不当，或剥离胎衣的手术粗暴所致。这些都是缺少动物福利的观念，不能善待家畜所引起的。

1. 症　状　当出血积聚在子宫内未向外流出时，不易发现，但牛会有不安或努责行为。出血继续增多时，可见阴道流血，躺卧时出血更明显，会隔一些时间漫出1次，应及时发现。再继续出血时母牛会呈急性贫血状态，要给予紧急治疗。

2. 治疗方法　以止血为主，肌内注射安络血20毫升，皮下注射0.1%肾上腺素5毫升。

(九)阴道脱出

1. 症　状　该病常见于妊娠后期，这种病症以阴道部分脱出的较常发生，表现为阴道壁位置改变，形成皱襞从阴门突出来。当母牛卧地时可见到拳头大小粉红色瘤状物夹在两阴唇间或露出于阴门外。站立时部分缩回，若不及时治疗阴道会反复脱出，脱出部分越脱越大，有的牛站立时能缩回，有的牛不能。在体外时间过久则黏膜出血、水肿、干燥，甚至发生龟裂、出血。脱出部分常常沾上粪便、垫草、泥土。有的母牛形成习惯性阴道脱出。母牛由于阴道壁发炎，受刺激而不安，表现弓背、努责、时做排尿姿势。随着炎症的日趋严重，并由于持续努责，引起直肠脱出和流产，也会使胎儿死亡。

2. 治　疗　对于阴道完全脱出不能缩回的母牛要做固定术，手术称袋口缝合法。从阴门一侧下角开始距阴门裂2～4 厘米处进针，在粗线上套上一节长为 2 厘米的胶管。每2～3 厘米套一胶管，缝在阴门上，绕阴门缝合 1 周。将缝线打结，松紧以能插入 3 个指头为宜。第一针进针处打成活结，以便调整松紧。缝合后阴门下角不能全部缝合，以免妨碍排尿。因临产之故，要随时注意母牛表现，根据临产日期表，提前及时拆线，不误分娩。

对于轻度阴道脱出的母牛要加强运动，避免过久卧地，牛床在后躯处多垫厚草，适当垫高后躯高度，减轻腹部对盆腔的压力。

(十)子宫脱出

子宫脱出包括子宫套叠和子宫内翻，是孕牛饲养管理不良和老龄母牛的疾病。常见于产犊之后，助产时用力不当也会造成子宫脱出。母牛努责过强而又体质羸弱也发生此病，属产后重症，必须整复。

1. 症　状　子宫套叠时从外表观察不到，然而母牛产后不安、举尾、努责、有轻度腹痛现象，若不及时检查，子宫套叠不易自动复原，会发生浆膜粘连、子宫内膜炎和不孕。

子宫内翻一般出现在孕角，是子宫角尖端内翻入宫腔。母牛无临床表现，或仅有轻度不安，努责，不易被发现。轻度的在子宫自然复位时可能恢复。严重的子宫内翻是宫角内翻进入子宫，进入宫颈和阴道。母牛出现弓腰、举尾、频频努责症状。此时用手伸入产道在子宫内可触及肉球样物体，在直肠检查时可触摸到子宫角尖端凹陷入内，可以触诊。

内翻的子宫脱出于阴门外，脱出部分可看到大小不等的子宫阜，症状明显。子宫全部脱出时，呈长袋状物，可下垂到飞节，颜色鲜红到紫红不等，是母体胎盘。通常病牛为卧状，脱出的子宫粘有各种污物，不及时治疗会引起大出血和败血症，甚至死亡，必须及时整复。

2. 治　疗　子宫轻度内翻的可用接近体温的生理盐水清洗后，将脱出的子宫缓缓前推，直至复位，遇套叠部位要用手指并拢伸入套叠窝内，左右移动，挪动宫体前移，使子宫角顶到原位。子宫已收缩的，可采用尾椎或腰椎麻醉术后待子宫松弛后做复位。子宫脱出胎衣未脱落时先剥离胎衣，再整复。母牛能站立的，行站式整复。由助手用清洁塑胶布或瓷盘等容器将脱出子宫抬到阴门高度。子宫重量大，往往充血，必须由助手交替压住已推入部分，逐渐将其送回宫体。子宫送回后，用1 000～2 000毫升灭菌生理盐水灌入宫腔，牵遛母牛，促使子宫角端复位，然后导出液体。如果导出的液体清亮，不需要再灌洗，但是要投入大剂量广谱抗生素，如青霉素800万单位，链霉素400万单位等，以防继发子宫内膜炎。对不断努责的母牛做肌内注射麦角新碱或垂体后叶素等缩宫药物。

子宫整复过程如下：

根据牛体大小，先用2%静松灵5～10毫升肌内注射，间隔15分钟后再注射肾上腺素10毫升。几分钟后病牛卧地，使其呈右侧位，后躯处高位，尾巴拉向体侧。术者剪短指甲，做常规消毒，用37℃～38℃的0.1%高锰酸钾溶液冲洗臀部和脱出的子宫。小心剥离胎衣，清洗掉污物，再用一块长120厘米、宽60厘米的消毒纱布，由助手托住子宫，抬高，或用平板、上覆塑料布，使子宫高于阴门。用生理盐水冲洗子宫，或再洒2%明矾水。遇有少量出血时可喷洒0.1%的肾上腺素或用湿润棉球涂在出血部位，出血多时可以做局部结扎。

整复从子宫角顶部开始，将五指并拢，或用拳头伸入子宫角的凹陷中，顶住子宫角尖端，向阴门内压迫子宫壁，推入阴门，先推入一部分，由助手压住子宫，术者抽出手来再次将其余部分推入阴门。将子宫角深深推入腹腔，使其恢复正常，以免套叠。以上操作，在母牛努责时不能进行。

整复后，往子宫内注入38℃～40℃的生理盐水2 000～2 500毫升，土霉素500万单位。还可以用子宫康复剂，如静脉注射复方氯化钠注射液1 500毫升，5%葡萄糖液1 000毫升，5%碳酸氢钠注射液250毫升，10%氯化钠溶液300毫升，维生素C 30毫升。

整复后要牵牛遛行，4～6小时内不能卧地。还有必要肌内注射青霉素800万单位，链霉素400万单位，连用7天。

（十一）子宫复位不全

分娩后子宫复位时间延长，不能及时恢复到正常生理状态。此病多因老龄、体弱、肥胖、运动不足、胎儿过大、产犊时间过长等原因引起。胎衣不下、子宫内膜炎也继发此病。

1. 症　状　表现为恶露排出时间过长，具子宫内膜炎症。有的病牛体温升高，精神不振。阴道检查时可发现子宫颈弛缓、开张，产后6～7天仍能伸入手掌，产后14天尚能塞入手指。直肠检查时可发现子宫的体积大、下垂、软，反应微弱。子宫腔潴留液体的，推动时可有波动感，有的还能摸到未萎缩的子叶。

2. 治　疗　用40℃～42℃的10%浓盐水，可加防腐剂，冲洗子宫，增强其收缩力。肌内注射垂体后叶素50～100单位，麦角新碱6～10毫克等。

（十二）子宫扭转

专指整个妊娠子宫，或一侧子宫角，或子宫角一部分顺其纵轴扭转产生的变位，使分娩发生困难的病症。

子宫扭转的原因多为产前母牛急剧地起卧和胎动强烈，阵缩过剧使母牛有过跌倒滚转等转动腹部的强烈动作引起的。

1. 症　状　通常妊娠末期母牛表现不安、腹痛、废食、脉搏加快、呼吸急促等现象。母牛有阵缩但产不出，往往一侧阴唇内缩，一侧子宫系膜紧张，血管怒张，搏动异常。如果阴道皱襞从左后上方向前下方向右行为右向扭转，相反的为左向扭转。

2. 治　疗　对于程度较轻的扭转，可以向反方向用手握住胎儿肢体扭转，使其正位，然后以助产法将胎儿拉出。达不到助产目的时，可行剖宫术。其助产法见后节剖腹产一例。

（十三）胎衣不下

胎衣不下又称胎衣滞留。完整的胎盘包括母体胎盘（即子宫内膜）和胎儿胎盘（即胎膜）两部分，胎膜也叫胎外膜，由羊膜、绒毛膜、尿囊膜、卵黄膜和脐带等组成。胎衣被娩出母体后，胎盘即完成其生理使命，必须被排出体外。

胎衣又常指胎儿胎盘，在牛类动物子宫内膜有非常发达的子叶，多达 80～120 个，呈卵圆形凸出于内膜表面，称子宫肉阜，未孕母牛子宫肉阜直径 1 厘米，妊娠后发育到 10 厘米，它们与胎儿胎膜紧密镶合。分娩后胎儿胎膜从母牛子宫内膜脱出。由于这种与其他家畜区别的特殊解剖结构，造成牛的胎衣不容易脱落，在不良的生理条件和疫病情况下更易患胎衣不下的症状。

1. 症 状 胎衣不下有全部胎衣不下和部分胎衣不下两种。

(1)全部胎衣不下 是胎盘的全部或大部分与母体子宫壁粘连，整个胎衣滞留于子宫内，或仅有部分进入阴道，阴户外看不见胎衣。胎衣不下的母牛有弓腰、举尾、轻微努责等表现。胎衣腐败时有恶臭、红褐色分泌物，或混有碎片从阴户流出。

(2)部分胎衣不下 是一部分胎衣悬垂于阴户外，一部分粘连在子宫内。垂露于阴户外的胎衣，起初呈暗红色，而后被污染而腐败，变为松软，暗灰色。腐败蔓延到子宫内胎衣，而不断流出恶臭的褐色分泌物。

正常情况下，奶牛在产犊后 4～8 小时自动排出胎衣，分娩过程才全部完成。在产后 12 小时，胎衣未完全排出或部分未排出，即认为是胎衣不下。

常见的症状为母牛产犊后较久，依然有胎衣垂于阴门外，呈暗红色。部分经产母牛因子宫垂入腹腔，或胎膜脐带过短而外部不能发现。但胎衣很快腐败产生子宫内膜炎，产生大量毒素，进入血液循环，母牛出现败血症状，精神沉郁、体温升高、瘤胃弛缓、废食，甚至产奶量下降。病牛不安、弓腰，晚期出现恶露，排出恶臭的褐红色液体，混杂有腐败的污浊胎衣碎片。

2. 预防和治疗 为临产母牛提供一个安静的、单独的产房分娩。有的牛场由于不设产房，临产牛与其他牛混群，产犊时其他牛的干扰会打乱产犊母牛的正常神经活动，引起不正常产犊和胎衣不下。

布氏杆菌病引起的子宫内膜炎等的后遗症也会导致分娩时胎衣滞留。奶牛的发病率为 8%～20%，夏季可高达 24%～28%；在广东地区 6 月份高达 31.8%～44.4%，产双胎母牛胎衣不下病出现率更高，为 85.7%，有时达 100%；早产牛也是高发牛，发生率达 70%左右。胎衣不下还与母牛产奶量有一定关系，据新疆呼图壁牛场的统计，母牛平均产奶量在 7 300 多千克的年份，发病率为 28.9%；在近 8 000 千克的年份，发病率上升到 38.7%；达 8 600 千克以上时，发病率高达 40.6%。

(1)预防方法 应加强临产及产房牛的饲养管理。

驱赶运动。根据配种记录在母牛临产前 40～50 天，每天 2 次，每次 1 小时，做驱赶运动，使其缓步行走，到产前 15 天减少运动量，不要勉强驱赶，不要惊扰骚动。

设置安静的产房，让母牛主动分娩，尽量不去干扰他。助产人员不要出现在临产牛跟前，只有在必要时才进行助产。周边不要有犬吠等嘈杂声和意外的搅扰。

母牛产后尽快饮水，适量加食盐，有条件的可加入益母膏，或 5%的红糖水 500 毫升，以缓解产犊的疲劳状态。

灌服羊水。在分娩过程中用清洁的广口瓶(事先备好)收集羊水，放置阴凉处防腐保存，当产后 5～6 小时未见胎衣排出时,即可灌服1次,5～6小时后灌第二次,用完即可。此法只适宜在健康牛群使用。

让母牛舔干犊牛身体上的黏液,同时可以切500克左右的胎衣让母牛吃掉,促进体内激素的调整,排出胎衣。这种自体组织疗法也只宜在健康牛群使用。

(2)*治疗方法*

①*营养药物治疗* 注射葡萄糖酸钙,对于体质衰弱,产前有瘫痪及软骨症状的母牛,于产犊后3小时静脉注射5%葡萄糖酸钙注射液500毫升,相当于补钙25克,以防胎衣不下。

亚硒酸钠-维生素E粉灌服。在预产期前45天和15天各内服亚硒酸钠-维生素E粉,每次每头0.5克。产后立即灌服温水溶解的保健盐5 000毫升,配方为氯化钠17.5克,氯化钾7.5克,碳酸氢钠12.5克,葡萄糖100克,饮用水5 000毫升。

②*子宫清洗* 产后12小时胎衣不下时,用土霉素粉20克,利凡诺尔(依沙吖啶)2克,溶入500毫升生理盐水,温度接近体温时,灌注入子宫,隔日1次,可使胎衣在5～7天后自行脱落。在夏天为了防止胎衣腐败,在清洗后3～5天,手术剥出胎衣,然后再灌注洗液,直到冲出液变为清亮为止。

用宫炎清2支(每支20毫升),加500毫升蒸馏水,做子宫灌注,隔日1次,在母牛产后36小时胎衣还不脱落时尚有治疗效力。须清洗3～5次,以排净恶露。据报道效果比土霉素治疗要好,而且奶检无抗生素检出。1次输精受胎率可达80%。

③*尾椎封闭* 将金霉素粉1克,溶于100毫升蒸馏水中,加热至体温,无菌操作,注入子宫腔,最好找到胎膜与子宫间隙,每天1次,注射2～3天。同时做封闭,在第一尾椎与第二

尾椎的棘突凹陷处，剪毛，碘酊消毒，酒精脱洗碘酊后，由助手将牛尾垂直拉住，用 9 号针头向前下方刺入。初刺时比较难和发紧，在针刺入 2/3 长度时，突然感觉空虚无阻力，左右摇晃针头自由无阻，即做抽吸，发现无血液回流时，即将普鲁卡因药液推入，如注入部位正确，药液可到达硬膜外腔内。注射时要尽量抽出针管内空气，普鲁卡因液温度要与体温相同，600 千克体重的牛用 20 毫升。注射后让患牛在拴牛架内保持站立姿势，2 小时后恢复自由活动，一般于 21 天左右子宫即复原。

④激素类药物治疗　为促进子宫血液循环，增强子宫收缩力，可用雌激素类药物。如己烯雌酚用 10～30 毫克，催产素用 40～80 单位，做肌内注射，不晚于产后 12 小时进行，效果很好。或在产犊后 3 小时注射缩宫素，每千克体重 0.5 单位，即 1 头 600 千克体重的成年奶牛要用 300 单位药物，对胎衣顺利脱落效果显著。如果产后 12～24 小时胎衣不下时，先用雌激素，再用催产素或麦角，或硫酸新斯的明等促进胎衣排出。

⑤胎衣剥离　胎衣剥离的时间在产犊后 12～15 小时，冬春寒冷季节在 18 小时后，低胎次的牛早一些，三胎以后的晚一些，膘情好的牛早一些，膘情差的晚 1～2 小时。

手术前，将牛拴入保定架内，排除直肠积粪，用 0.1%高锰酸钾液消毒外阴和裸露的胎衣部分。消毒手臂。左手拉紧外露的胎衣，右手顺胎衣与子宫黏膜之间伸入子宫，触摸到近处胎盘。用手指捏住胎儿胎盘，以几个短促动作轻轻下拉，使其从母体胎盘上脱下。如果有困难，可用食指和中指夹住胎儿胎盘基部的绒毛膜，以拇指逐个将子宫阜剥离，到手难以触及的部位为止。手翻转以扭转绒毛膜，使绒毛从小窦中拔出，与母体胎盘分离。这样由近及远、由上而下逐个地将胎儿胎盘剥掉。当剥至子宫角而手达不到顶端时,此时可轻拉胎衣,使子宫角的胎衣也顺利牵出。剥离术完成后,即检查子宫角是否内翻,若发现内翻应随手顶其复位,防止子宫脱出。再在子宫体部位触摸有无遗留的胎衣。发现有出血时,可注射缩宫素 20 单位,或止血敏 25 毫升。为防止子宫内膜炎的发生,可投入青霉素 160 万单位或其他消炎药物治疗。手术结束后还须注意牛的体温是否升高,精神是否沉郁,食欲有无降低,做好相应的治疗。发生胎衣腐败时要连续用药 2～3 天。恶露不净或阴道松弛时除洗宫方法外,也可补喂中成药,如生化汤、补中益气汤等。

具体处理一般是,在胎衣剥离后随即向子宫深处投入抗生素或磺胺类药物,防止感染。对于已经出现腐败或感染的,先用 1%高锰酸钾、0.1%新洁尔灭等刺激性较小的消毒液清洗子宫,排出胎衣碎片和腐败物,反复冲洗 2～3 次,一般每次用 1 000 毫升洗液。1 小时后向子宫投放抗菌药物,一般投放 2 次,严重的牛 3 次,以防止子宫感染。

三、抗热应激的措施

炎热使母牛不发情,或发情但受胎率低,所产犊牛生命力不强,奶牛产奶量下降、乳质变劣,乳房炎频发,胎衣不下,子宫内膜炎增加,腐蹄病发病率上升等。高温在养牛管理上是一个重要环节,如果忽视夏季高温对牛生理造成的紊乱,没有采取抗热应激的措施,牛场经营效益也必然随之降低。

奶牛的适宜气温是 4.4℃～26.7℃,不同的品种有一定的区别。牛的生理活动需要散热,奶牛的基础散热量是每小时 3 425 焦。当气温在 0℃～10℃时，牛散热的主要途径是通过非蒸发型，即 25％靠蒸发，75％靠传导。当气温高于 10℃时，体表蒸发成为主要的散热途径。驱散体表余热，保持牛体表凉爽成为排除牛热应激的主要措施。当气温超过 27℃，体热散发要下降 1/3 左右，体热散发受阻时出现牛的热应激，牛只活动减少，采食量下降，产奶量和繁殖性能受到影响，因此抗热应激的生产意义非常重要。

抗热应激的方法：一是保证营养，二是防暑降温。防暑降温主要通过加强通风换气，洒水降温和降低饲养密度等措施解决。

（一）调整日粮配方

通常情况下，奶牛日粮每 1 千克干物质含 1.42～1.46 兆焦产奶净能，含 16％～17％粗蛋白质。在气温上升到产生热应激的情况下，如牛食欲减少，饲料配方中要增加油脂饲料，如棉籽类饲料和动、植物油脂，增加日粮能量浓度。因为油脂在瘤胃内不被利用，在小肠利用率很高，为分泌乳汁提供能源，而体热产生量并不升高。避免蛋白质供应过剩，是又一措施。当蛋白质供应过多，被分解的氨基酸就超量，而能量又得不到满足时，过量的氨基酸会被分解作为能量来利用，于是产生过多的体热，使牛的热应激反应更加严重。高温季节奶牛日粮的能量和粗蛋白质比例要高一些，这是炎热季节奶牛日粮配方调整时必须知道的。

（二）改变饲喂方式

每次饲喂量少一些，增加饲喂次数。如果日粮中的精饲料比例在平常气温下占 20％的话，在高温季节可以增至

25%～30%。调整饲喂钟点，把饲喂时间调到早晚凉爽的钟点，补饲夜草，供给新鲜多汁饲料等，有助于减少热应激。

（三）缓解奶牛热应激的添加剂

炎热季节奶牛补饲以下饲料添加剂具有解热作用。

1. 脂肪酸钙 脂肪酸钙是一种用各种动、植物油脂与氯化钙经皂化反应形成的能量补充剂。该添加剂在瘤胃内不被降解，到达皱胃后被分解成可以被直接吸收利用的脂肪酸和钙，而提高能量。当每天补饲200克脂肪酸钙时，可以使呼吸频率和脉搏次数降低，产奶量提高2.3千克以上。

2. 碳酸氢钠 碳酸氢钠是人们熟悉的缓冲剂，能中和青贮饲料的酸性和胃内微生物产生的有机酸，保持正常的瘤胃内pH值，使微生物的生长和繁殖旺盛，有利于纤维素、半纤维素、糖分的消化，提高乳脂率和产奶量；对预防酮病、脂肪肝、皱胃变位及瘤胃酸中毒有明显效果；在炎热天气，当奶牛的日粮采食量低于体重的1.5%时，添加1%碳酸氢钠和0.5%的氧化镁可以缓解乳脂率下降。安永福的试验证明，夏季每日每头牛添加150～200克碳酸氢钠可以改善牛体状况，提高产奶量。

3. 有机铬 有机铬是微量元素铬的三价化合物，可协助胰岛素改善糖类、脂类和核酸的代谢。高温下牛尿中铬的排泄量增加，血清中皮质醇浓度升高，引起一系列应激反应。补充有机铬可以降低奶牛血清中皮质醇的浓度，提高抗应激能力，增强抗病力和适应性，提高生产性能。据张敏红的试验，在夏季给奶牛添加酵母铬每千克饲料0.3毫克，4周内乳蛋白含量提高，牛的肛温和呼吸频率下降，产奶量比对照高11.5%～14.2%。

4. 乙酸钠　乙酸钠是反刍动物的能量供应物，能改善甲状腺功能，提供乳汁合成前体，调节水盐代谢平衡，同时具有提供营养和抗热作用。陈杰等证明，每天每头补饲 300 克乙酸钠，可使产奶量和乳脂率提高，在一定程度上缓解高温的不良影响。

5. 氯化钾　当夏季皮肤蒸发量、饮水量和排尿量增加时，体内电解质排泄量增加，钾的丧失高于钠，使钾、钠离子不平衡。补饲氯化钾可以维持机体电解质的平衡，达到保健和正常泌乳目的。黄昌澎试验表明，氯化钾饲喂量每天 180 克，分 3 次拌入饲料投喂时，平均产奶量提高 7.15%，肛温下降，体重减轻缓和，相当于每天增收 1 元净收入。

6. 复合酶制剂　复合酶制剂是由蛋白酶、淀粉酶、纤维素酶和果胶酶等组成的添加剂，在牛的胃肠道中将饲料中的各种营养成分酶化分解，提高饲料利用率，降低热应激，提高产奶量。贾铭青用固体粉状复合酶制剂 50 克，分 3 次拌入精饲料投喂，补喂的母牛每天每头平均产奶量比不补喂的高 1.36 千克，增加 5.2%。试验牛没有一头得呼吸道疾病，抗热应激的保健作用良好。

7. 瘤胃素　瘤胃素又称莫能菌素，是聚醚类抗生素，可提高饲料消化率达 10%左右，在牛的日粮中应用效果明显，在发达国家牛的肥育中早已广泛应用。高腾云等试验证明，每千克奶牛日粮中添加 20 毫克瘤胃素，产奶量提高 8.3%。

8. 中草药　具有清热解毒、凉血解暑作用的中草药，兼有治疗和营养的双重作用，能够全面协调生理功能，减轻热应激造成的功能紊乱，增强奶牛对高温的适应性，增加营养物质的消化吸收利用，调整免疫功能，缓解热应激反应。吴德峰等认为热应激乃暑湿夹攻、湿热内蕴、卫气不固、营血不足、肾阳肾阴俱虚、肝脾不和所致，宜采用清热解暑、凉血解毒、营气养阴、补脾保肝、调和营卫、补肾阳兼滋肾阴、扶正祛邪、攻补并用为治则。夏季将石膏、板蓝根、黄芩、苍术、白芍、黄芪、党参、淡竹叶、甘草等中草药按一定比例配伍，粉碎后添加于奶牛饲料，在饲喂的2个月中，平均日产奶量增加1.5千克，料奶比率也有所改善，奶牛血糖浓度显著提高，牛奶的成分没有显著变化。饲料中添加中草药对奶牛夏季抗热应激有很好的作用，还具有无残留、无污染的优点，是今后奶牛抗热应激饲养的一个新途径。

9. 舒尔康（8112系列奶牛抗热应激预混料） 这是新型专利产品，由上海光明荷斯坦牧业有限公司推荐，是上海市饲料行业通过ISO9001:2000国际质量管理体系认证的添加剂。据报道，上海光明乳业第九牧场饲喂的效果为每天平均增产1.5千克，按上海奶价每千克2.2元计，增加利润每头每天1.65元。深圳光明华侨农场的饲喂效果是每天增产1千克，利润1.65元。

10. 保证新鲜饮水 高温使牛体表蒸发量增加，此时适当增加饮水，而且添加一些食盐，是散热的有效措施，其中自由饮水为最佳方式。奶牛在饲喂和挤奶前，用凉水冲洗牛身，降低体温也是有效的方法。

11. 经常的刷拭 在炎热天气下，牛的体表刷拭是重要的管理措施，它能促进牛的皮肤循环，散发热量。据报道，可以通过刷拭提高散热量达30%。

12. 调整产犊季节 夏季产犊产奶量比具有同样产奶水平的个体低500～1 000千克。因此，母牛产犊最好调整到九、十月份，避开热应激对产奶的不利影响，发挥正常的产奶水平。

四、新生犊牛复苏

难产引发新生犊牛死亡是造成牛业经济损失的重要因素之一。难产后初生犊不及时救助可能十死六七，救治不到位的小牛在1～1.5月内的死亡率为正常分娩犊牛的3倍以上。难产产下的初生犊即使有呼吸也必须特殊护理。顺产情况下，初生犊从母牛产道产出时脐带自动被扯断，约30秒钟后犊牛的循环系统供氧由胎盘脐静脉供应转为肺呼吸供氧。脐带断血后，血液内二氧化碳压力升高，促发肺呼吸。如果肺呼吸在难产过程中未能及时启动，血液内出现厌氧呼吸，产生乳酸，颈静脉pH值由7.2～7.3转为中性的7.0，甚至到酸性。顺产情况下初生犊的呼吸在几分钟内达到每分钟45～60次，为正常生理现象。在不能呼吸的情况下，会使心脏停止跳动。如果心脏跳动很微弱时能够及时助以人工呼吸，就有可能使濒死的新生犊复苏。

（一）病　因

新生犊衰弱的原因众多。据报道，胎儿在出生前1～2周由于子宫与胎盘的循环发生障碍，以及胎膜破裂、子宫收缩等原因，胎儿缺氧，供应的能量减少，胎儿呈现酸性代谢，乳酸积累过多，产生酸中毒和呼吸障碍，当血液的pH值达6.7时就会死亡，这种情况通常在出生后4～6分钟内发生。子宫内pH值小于7.2时，犊牛经抢救后也是愈后不良，有56%会在出生后1周内死亡。所以，引产和剖宫产的犊牛，做犊牛血液酸碱度监测有助于提高犊牛成活率。

(二)犊牛酸中毒的诊断

犊牛出生后按趾间反射、肛门反射和脐带脉搏这三项临床诊断整体反应进行犊牛活力评价(V)。V可分4级,其中V-Ⅲ为活力三级,表现为生理反应强壮,头抬起、努力站起、活泼;V-Ⅱ为活力二级,表现为生理反应比较迟钝、眼神呆板、斜腹卧、不能蜷卧、抬头乏力,需要支持;V-Ⅰ为活力一级,表现为生理反应松垮、头下垂、四肢伸展;V-O为活力0级,无生理紧张反应、软瘫、头和四肢软弱。活力一级的犊牛可摸到心脏搏动。活力0级犊牛心跳微弱,甚至无脉息,为濒危状态。

(三)复苏术要点

犊牛活力测定达不到三级活力的只要有心跳搏动都可抢救。主要措施是压迫肺部,以节律的推压使其产生呼气和吸气的活动。犊牛出生后要立即清除犊牛鼻孔的黏液,犊牛卧倒无力站起,出现活力二级症状时,立即推压胸骨,一起一伏,使鼻孔出气,同时准备药物,在基本恢复呼吸后,立即静脉注射5%碳酸氢钠注射液50～100毫升,10%葡萄糖注射液100毫升,或肌内注射安钠咖等兴奋药物。也可针刺鼻镜引起反射。

五、围产期降低犊牛死亡率的措施

近年来我国奶牛业发展很快,成为畜牧业发展的强盛后劲,农民致富的有效途径。围产期犊牛死亡一直是养牛业的一个老问题,而高产奶牛犊牛在这时期多病和死亡是当前更为突出的问题。

犊牛围产期死亡专指胚胎期发育成熟的犊牛在产犊期间死亡或出生后24小时内死亡。据统计，该期死亡的数量约占犊牛损失总量的一半。在围产期死亡的犊牛中有58.3%出现窒息，当分娩时发生子宫与胎盘的循环障碍，以及胎膜破裂时胎犊都会或多或少地发生缺氧，随之发生酸中毒。难产中母牛子宫长期收缩造成血液循环障碍而发生缺氧，也引起酸中毒。当缺氧比较严重的情况下，氧的消耗量减少时血液氧压在一段时间内能维持在生理范围内，但是此时处于最低供血量的组织都处于无氧糖酵解状态，由于无氧糖酵解产生的能量少，糖类储备被迅速耗尽，乳酸这个酸性代谢产物大量蓄积，使胎犊发生代谢性酸中毒。活细胞是不能承受严重的酸中毒的，当血液pH值为6.7时，组织在酸性条件下失活，胎犊生命终止。在窒息期犊牛能否存活主要取决于肌糖原储备量，缺氧时犊牛糖类储备被耗尽，存活时间仅为4～6分钟。因此，所有胎犊在出生时都可能受到呼吸性和代谢性酸中毒的损害。酸中毒的严重程度最终决定胎犊能否存活。

（一）病因和病理分析

正常的妊娠后期脐静脉血液pH值、二氧化碳压（pCO_2）和氧压（pO_2）值，分别为7.384～7.395，5.7～6.0千帕和5.1～5.2千帕。当脐带断裂后，血液pH值下降，伴有高水平的乳酸盐和二氧化碳压值。分娩前30分钟的脐动脉和分娩前5分钟的脐静脉还发生氧压轻度降低，在正常产犊过程中，母牛腹部努责后胎犊血液的pH值、血液气体和乳酸盐浓度首先发生显著变化。子宫收缩强度大大增加，使子宫胎盘的血流减少。

分娩不正常和不得不剖宫产的情况下酸碱度偏离常值。出生前 70 分钟到出生前胎犊静脉血液的 pH 值在 7.249～7.269 间，出生之后为 7.241。母牛努责后正常逼出期（最长达 6.05 小时），胎膜破裂后颈静脉血液的 pH 值、二氧化碳压和氧压值分别为 7.167～7.444，5.3～12.0 千帕和 1.1～4.6 千帕。经产母牛所产胎犊血液的平均 pH 值、二氧化碳压、乳酸盐和葡萄糖浓度分别为 7.21～7.25，7.0～7.2 千帕、4.11～4.54 毫摩/升和 1.25～1.51 毫摩/升，均比初产母牛所产胎犊血液的平均值要大。产前碱过剩值（BE）是个重要的指标，可用于判别犊牛酸中毒程度和可能的死亡率。正常犊牛占 57.6%，产前碱过剩值大于－6.0 毫摩/升，有酸中毒的犊牛占 24.9%，产前碱过剩值为－6.0～－12.9 毫摩/升；有严重酸中毒的犊牛产前碱过剩值小于－13 毫摩/升。这 3 组犊牛的死亡率分别为 0%，8%和 51%。血液 pH 值和产前碱过剩值对于犊牛酸中毒有明显的判分性，对酸中毒犊牛的抢救上有重要的参考意义。

酸中毒犊牛出生后的变化情况如下。

犊牛出生时都有酸中毒的情况，由于这是出生时发生的必然结果。不助产产出的犊牛这种呼吸性和代谢性酸中毒在出生后 1 小时内代谢性失调会得到补偿，但是呼吸性失调到 24 小时和 48 小时仍不能完全补偿。正常犊牛在出生之后静脉血液平均乳酸盐浓度到 24 小时后降低到 2.8 毫摩/升，经产母牛所产犊牛在头 3 小时血液乳酸盐浓度由 4.64 毫摩/升降到 2.85 毫摩/升，而其葡萄糖浓度由 1 毫摩/升提高到 3.84 毫摩/升，或者在出生后头 4 小时显著增加，并且与出生时的 pH 值变化呈显著的负线性相关。但是酸中毒情况在牛场不易觉察，要由兽医诊断鉴别。出生犊牛心率为每分钟80～155次。超过155次/分的多与酸中毒有关，产前碱过剩值小于－8.9毫摩/升都会是有酸中毒和严重酸中毒。

(二)窒息处理方法

酸中毒犊牛在接产后的护理如上面复苏术所述。当注射碳酸氢钠和葡萄糖后仍不能出现自发的呼吸时，将导致血内碳酸过多，此时可以注射2.2～4.4毫克/千克剂量的黄嘌呤衍生物，如氨茶碱，以刺激支气管扩张和膈肌的收缩。

当新生犊牛意外出现窒息现象时，要观察犊牛呼吸道内是否有胎液，并给予吸除。加强体表按摩，防止受冷，多加垫草或覆以麦秸或稻草、麻袋以御寒。

(三)新生犊牛的饲养

犊牛无论是正常产出，或者救治后复苏，都应按照下列规要求饲养：①犊牛出生后8小时内至少喂给2升初乳；②犊牛出生后24小时内最好和母牛分开，避免接触母牛粪便；③犊牛出生后头2周，每天应喂2次2升的38℃～40℃温牛奶或初乳；④2周后，每天喂1次4～5升38℃～40℃温牛奶，让犊牛能随时吃到粗蛋白质含量为20%的精饲料；⑤精饲料每天喂到1.5千克时给犊牛断奶；⑥保证犊牛一直都能喝到水；⑦断奶前给犊牛饲喂质量一般的粗饲料。

第五章　母牛膘情的体况评分方法

母牛体躯膘情的好坏显示着饲养管理水平高低和产奶的效率。具有合适的体膘表示母牛对不良环境的抵抗能力强、产奶量较高、受胎容易、犊牛成活率高，以及饲料利用效率高。将母牛体况调控在相应的膘度，在奶牛群管理上是高水平的标志。母牛体膘好坏可以通过目测来评定，即体况评分法。一个熟悉如何评定膘情的技术员能够相当准确地评出每头牛的体况，这就要掌握牛体膘情增长规律。

牛由瘦到肥是体内脂肪积蓄的过程，包括皮下脂肪层增厚和肌肉内脂肪(含肌束内和肌束间)的增多。这个长肥过程从体表观察，可见到肥胖度是从前躯向后躯，从腹部向背部这两个方向同时提高，当后躯长得丰满的时候，牛就达到满膘的体况，这时候肩胛、前胸等有骨骼支撑的部位变得平滑甚至滚圆，而腰部的肷窝、尾根与坐骨结合处的空窝不但显得丰满，而且腰角端、坐骨端多因肥胖臌突而颤动。这样的膘情，对于肉用牛来说是理想的肉膘，对于奶用母牛来说是多病和产奶量必然下降的象征。

国际上现用的奶牛体况评分法，都为 5 分制。牛从肩背、腰部、肋弓、肷部、腰角，直到尾根达到 5 分的话，代表最丰满的评分。其膘度的高低可参考图 5-1 的两个长方形标识的部位。

进行评膘时着重观察的体躯部位是脊背、腰部、短肋、荐端、臀端和尾根，以所在部位的骨骼显露状况为依据，参照胸部和肷部的脂肪覆盖状况，如肋骨间的丰满或骨瘦如柴，肷窝的深浅、饱满程度，尾根两侧空窝的饱满程度。肥度大的牛不

图 5-1　评膘重点示意图

仅仅皮下脂肪厚，其肌肉纤维间脂肪也多，而显得肌肉丰厚，这种牛从鬐甲部到尾根，整个背线比较平滑、丰满，而无骨骼突出的现象。极瘦的牛则瘦骨嶙峋。不同膘情的牛脂肪层和肌肉层厚薄有很大区别，即是我们按膘情做出体况评分的依据。而肷部和尾根两侧的丰满程度要格外注意。

体表面脂肪覆盖的厚实程度，按一定状态给出数字值，即打分数，为体况评分。推广的体况评分也为 5 分制。在关键的饲养阶段还要打 0.5 分的差别，而形成 5 分 9 级制。现介绍如下。

一、不同生理阶段的体况评分依据

（一）不同生理阶段的适宜体况评分

在奶牛的不同年龄和生理阶段，每头牛都必须有相适应的体膘，过肥和过瘦都影响牛的生产性能。据体况评分的大量科研和生产总结，奶牛各年龄和各生产期的适宜体况评分见表 5-1。

表 5-1　奶牛各关键时期适宜的体况评分

牛　别	评定时间	体况评分
成母牛	产　犊	3.0～3.5
	泌乳高峰(产后 21～40 天)	2.5～3.0(个别高产牛降至 2 分)
	泌乳中期(90～120 天)	2.5～3.5
	泌乳后期(干奶前 60～100 天)	3.0～3.8
	干奶期	3.2～3.9
后备牛	6 月龄	2.0～3.0
	第一次配种	2.0～3.0
	产　犊	3.0～4.0

现用奶牛体况评分多以美国奶牛体况评分制为参考，提出 5 分制评分法。

(二)5 分制评分示意说明

消瘦型(1 分)：背部各脊椎突出明显，各椎横突(短肋)显而易见，骨架显露。腰角和臀骨端尖锐突出，腰角和坐骨端之间严重下塌，十字部两侧凹陷。尾根与两侧坐骨结节间尖锐，呈“V”形空窝(图 5-2)。

瘦型(2 分)：各短肋和骨架都尚可见，背部脊突已不十分明显，腰角和臀端部尚明显。尾根与两坐骨结节间空窝呈“U”形空窝(图 5-3)。

图 5-2　体膘膘度评为 1 分的奶牛体况

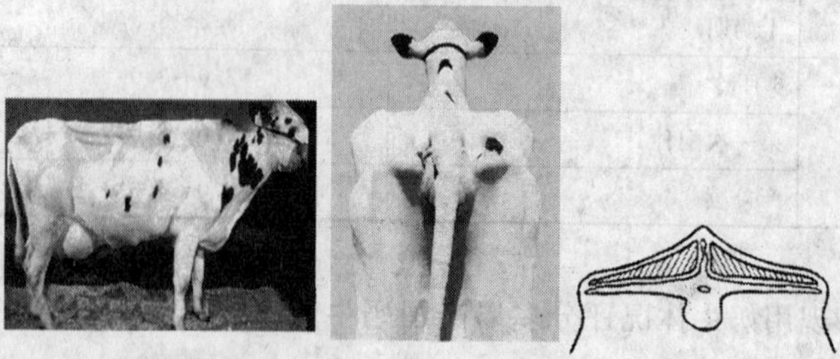

图 5-3　体膘膘度评为 2 分的奶牛体况

适度型(3 分):各短肋平滑,骨架不露。背线骨骼呈圆垄突起,不见脊突。腰角和坐骨结节圆墩平滑,尾根部与坐骨结合部平整(图 5-4)。

肥型(4 分):各短肋间平整圆滑,无骨架感。脊背呈圆弧状、平整。腰和臀部肥满,腰角圆,荐部平整。尾根和坐骨部脂肪沉积明显(图 5-5)。

极肥型(5 分):背部覆盖一厚层脂肪,短肋丰满。腰角与坐骨端饱满,臀部丰圆,尾根被脂肪层包埋(图 5-6)。

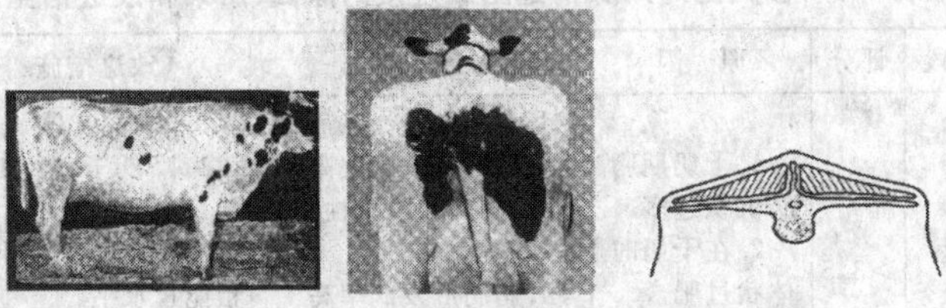

图 5-4　体膘膘度评为 3 分的奶牛体况

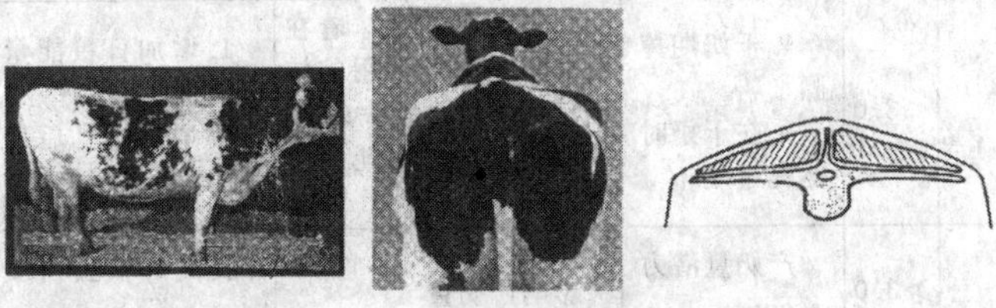

图 5-5　体膘膘度评为 4 分的奶牛体况

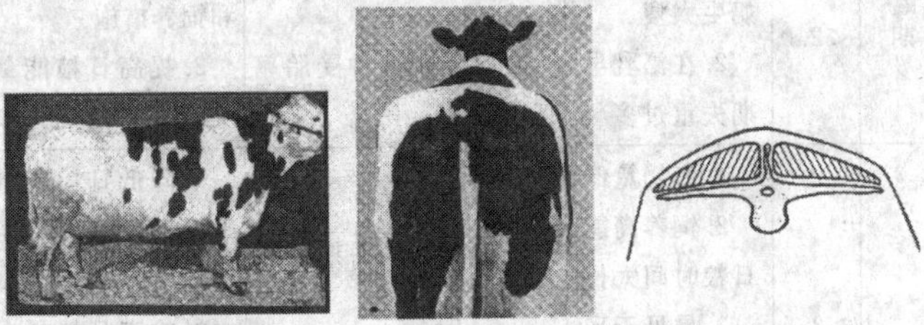

图 5-6　体膘膘度评为 5 分的奶牛体况

(三)调控适宜体膘的措施

造成膘情过肥或过瘦的原因,会出现的不良后果,及防止出现不良后果时应该采取的措施参见表 5-2 中说明。

表 5-2 各关键时期膘情过肥或过瘦的原因、后果和改进措施

阶段	评分	原因	后果	改进措施
产犊	>3.5	1. 干奶期脂肪沉积过多 2. 在干奶时体状过肥 3. 干奶期太长	1. 食欲差 2. 乳热症发病率高 3. 亚临床、临床性酮病发病率高 4. 脂肪肝发病率高 5. 胎衣不下发病率高 6. 潜在产奶性能不能充分发挥	1. 降低干奶期日粮能量水平 2. 降低泌乳后期日粮能量水平 3. 将干奶时间限为60天
	<3.0	1. 干奶期掉膘 2. 在干奶时体况过瘦	1. 膘度不足意味着在营养不足时可动用的体脂储存不足 2. 奶蛋白率可能会降低	1. 增加日粮能量和(或)蛋白质水平 2. 增加泌乳后期日粮能量水平
泌乳高峰期	>3.0	产奶量潜力未发挥	影响产奶量	提高日粮蛋白质水平
	<2.0	1. 在产犊时奶牛太瘦 2. 在泌乳早期失重过多	1. 不能达到潜在产奶高峰 2. 第一次配种受胎率低	1. 检查奶牛进食量和饲养措施 2. 提高日粮能量水平
泌乳中期	>3.5	1. 产奶量低 2. 饲养高能日粮时间太长 3. 易见于采用全混合日粮方式饲喂的未分群的牛场	1. 进入泌乳后期可能会太肥 2. 下一胎次酮病及脂肪肝发病率高	1. 降低日粮能量水平或采用泌乳后期日粮 2. 检查日粮蛋白质水平 3. 提早将牛转至低产牛群
	<2.5	泌乳早期失去的体膘未能及时得以恢复	影响产奶和繁殖性能	提高日粮能量水平或按泌早期能量水平进行饲养，避免过早降低日粮能量浓度

续表 5-2

阶段	评分	原因	后果	改进措施
泌乳后期	＞4.0	日粮中精饲料过多，能量水平太高	1.干奶及产犊时过肥 2.难产率高 3.下一胎次的泌乳早期食欲差，掉膘块 4.下一胎次酮病及脂肪肝发病率高 5.下一胎次繁殖率低	减少精饲料比例，降低日粮能量水平
	＜3.0	1.泌乳中期日粮能量水平偏低 2.泌乳早期奶牛失重过多	1.长期营养不良 2.产奶量低，牛奶质量差	1.检查日粮中能量、蛋白质是否平衡 2.提高泌乳中期日粮能量水平
干奶期	＞4.0	1.泌乳后期日粮能量水平过高 2.未能及时配种	由于贮存在骨盆内的脂肪会堵塞产道，难产率高	1.调整泌乳后期日粮能量水平 2.考虑淘汰 3.如已出现脂肪肝，应在干奶期减少能量摄入
	＜3.0	泌乳后期未能达到理想体况	产犊时体况差，为维持产奶及牛奶质量，动用了过多的体脂贮存	1.提高泌乳后期日粮能量水平 2.提高干奶期日粮能量水平

表 5-2 各关键时期过高或过低体膘的原因、后果和改善措施适合于牛群中的大多数母牛。但事实上奶牛的个体特性也颇突出，某些牛天生骨骼比较明显或尾根较粗隆；有少数天生很难育肥，尽管很瘦，泌乳和配种繁殖依然正常，遇有这些

特殊情况个体时，应区别对待。

二、干奶期奶牛体膘的调整

母牛在长时间泌乳和妊娠的情况下，其营养储备消耗很大，尤其是高产母牛，一般的牛体膘都比较差。当泌乳期间体膘不好时，在干奶期应该继续调整体况，这是现代高产奶牛饲养上的重要阶段。

进行复膘的时期是在泌乳后期和干奶期。通常情况下，复膘的目的必须在泌乳后期达到或基本达到。因为这个时期牛的体膘恢复效率比较高。然而该时期依然达不到复膘目的时，在干奶期必须继续采取措施，虽然复膘效果不如前期，也一定要做好，才能保证下一胎高产。复膘措施都应该在泌乳期的第七个月开始。

低产牛的复膘工作可以晚一些，如控制在第八至第九个泌乳月，使之达到中等偏下膘情，按体况评分标准，保持在3.5分膘。

饲养奶牛的经验证明，达到这一种体膘，可以保证牛体储备一定的营养，以保证胎儿正常发育需要，避免围产期出现代谢病，并促使一个泌乳期泌乳高峰的尽早出现，而达到下一个泌乳期的高产目的。如果在干奶期体膘过肥，母牛易患难产、食欲不振和发生酮病。反之，要是体膘过差，母牛会乏情、子宫在产后恢复缓慢、体质羸弱，这样影响再受孕能力和降低产奶量。故干奶期母牛的体况评分要达到3.5分标准。

奶牛在泌乳高峰期，日产奶量达到60千克的个体，每天要动用1.5～2千克的体脂，这阶段是母牛的掉膘期。每1千克体脂可以生产10～15千克的牛奶，所以高产牛都是营养不足的，其不足部分要依靠日粮供应。因此，复膘工作很难在泌乳高峰期进行。而干奶期贮存一些营养，可以为高峰期使用。为此，干奶期的营养储备对下一胎的高产是做物质准备，对下一个泌乳期的高产有重要意义。干奶期的母牛饲养必须认真对待。

根据科学研究，在 5 分制中 9 种膘情体型在体内脂肪的存积量上有很大的区别，从消瘦型的只含 3.8%，到极肥型的含 33.9%(表 5-2)。对于奶牛体内脂肪量达 20%时已经是适宜的，无论对荷斯坦牛、娟珊牛和爱尔夏牛都大体相似。而对于兼用品种，如乳肉兼用的西门塔尔牛则不全适用，因为兼用牛种要肥一些。

表 5-3 左列的图是皮下脂肪厚度和肌间脂肪差别的图示，脂肪少在皮下和肌肉是同期出现的。

表 5-3 不同膘情奶牛的体况评分与体内脂肪的关系

图 示	体况评分	体内脂肪(%)	类 型
	1	3.8	消瘦型
	1.5	7.5	很瘦型
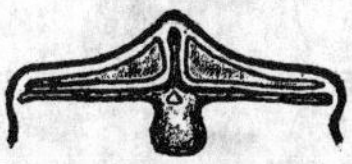	2	11.3	瘦 型
	2.5	15.1	边缘型
	3	18.9	适度型
	3.5	22.6	良好型
	4	26.4	肥 型
	4.5	30.1	圆肥型

续表 5-3

图 示	体况评分	体内脂肪(%)	类 型
	5	33.9	极肥型

而干奶期的体况评分，根据脂肪存积的多寡，将 2.0 分至 3.75 分用图示来表达。从后躯看肥瘦程度如图 5-7。

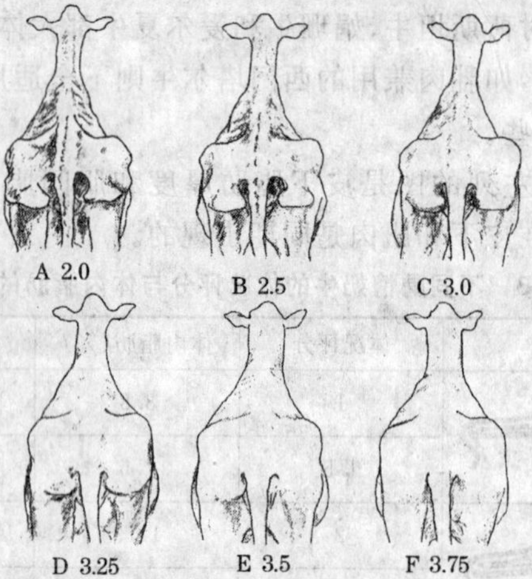

图 5-7 母牛干乳期常见体况评分值示意

对于泌乳期产奶量在 10 吨以上的经产母牛，体况评分为 2.5 分的，可参见荷兰有名的丽佳 128 号牛（图 5-8）。这是一头体质结实清秀、精神良好、体型结构匀称、乳房发育良好、蹄质坚固、被毛光亮的母牛。处于泌乳的高峰期时椎横突（短肋）尚可看到，肋骨的骨架也清楚，但比较圆滑，背部尚消瘦，不饱满，尻部尚凹陷，腰角、臀端已不消瘦。

在泌乳高峰期日粮配方中提高苜蓿和玉米青贮的比例(饲喂方法可见以上各章节),及时改善饲养管理,可望整个泌乳期持续恢复体膘和提高产奶量。

图 5-8　荷兰丽佳 128 号(特级牛、红白花荷斯坦品种)

第六章　影响机器挤奶效益的诸因素分析

一、挤奶后乳房中的残余奶量

开始挤奶时给一头乳房中可能有 11.35 千克奶的奶牛注射放乳激素（即催产素），奶压将升高，肌上皮细胞紧张收缩，可将这 11.35 千克的奶全部挤出。但正常情况下，即使有良好的挤奶技术，乳房中的 11.35 千克奶大概只能挤出 8.17～10.44 千克。实际上，除非另外注射放乳激素，否则是不可能挤出全部牛奶的。有时残余奶量很小，如果挤奶技术不高，激素释放得不足，那么就会有大量的奶存留在乳房中。

我们怎样知道乳房中会有残余奶呢？试验表明，在完成最好的挤奶操作以后立即给奶牛血液中注入放乳激素，注入的激素使乳房再次产生压力反应，又能得到 5%～20%的奶。近几年的研究表明，母牛乳房中残余奶量可达到 2.72～8.17 千克，造成了损失。所以，只有通过提高挤奶技术才能减少残余奶量。通过逐月检查不难发现，管理不善和挤奶技术不佳会造成每月的产奶量减少。下列原因可提高“阻止”放乳激素的分泌量，导致残余奶量的增加。

第一，奶牛在挤奶前刚刚受过惊吓。若全部奶量是 11.35 千克，则残余奶量可达到 9.99～10.89 千克。在这种情况下最好让奶牛安静 30 分钟后再挤奶。

第二，奶牛刚好在挤奶前受过踢打。根据牛的敏感性及疼痛的严重程度,这 11.35 千克奶有可能损失 2.27～4.54 千克。

第三,在刺激放乳激素出现之前就将挤奶杯套上,可对奶牛产生微小的刺激,或者已挤完奶的奶区上没有取下挤奶杯,对空奶区的抽动刺激造成乳头疼痛,都将少得到 1.36～2.27 千克奶。

放奶要经过 4 个时期,其中后 2 个时期是残余奶排出过程(图 6-1,图 6-2)。

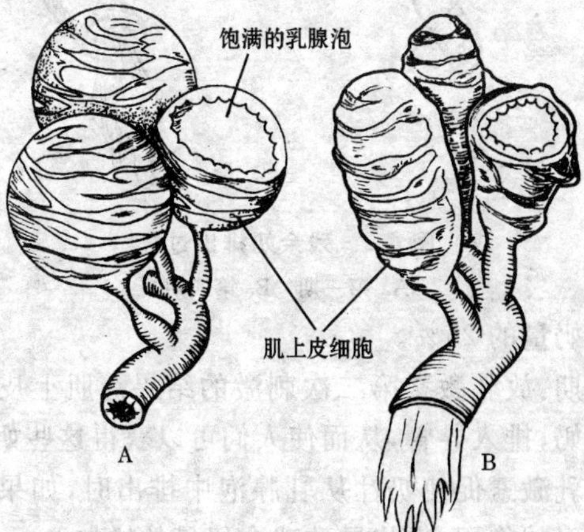

图 6-1 放乳激素刺激乳腺泡排奶过程

A. 第一期 B. 第二期

第一期:整个乳腺泡由满到空,左面是刚好在挤奶前的几个乳腺泡,它圆而饱满,肌上皮细胞松弛、舒张,导管松弛。

第二期:右面是受刺激后与挤奶时的情况。肌上皮细胞缩短,挤压每个乳腺泡,将大量的奶排入导管和乳池。在这一阶段快速排奶很重要,该期通常不超过 10 分钟。

第三期:挤奶后乳腺泡已排过奶,刺激作用已衰竭,导管松弛。但仍有一些残余奶留在乳腺泡的空腔内,这些奶有时

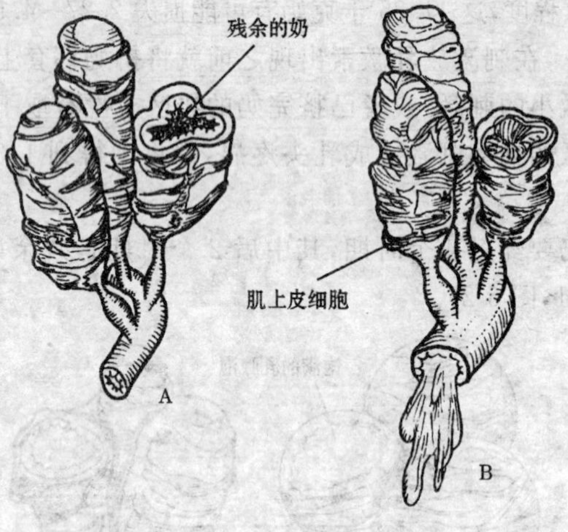

图 6-2　残余奶排出过程

A. 第三期　B. 第四期

可多达产奶量的 25%。

第四期:放乳激素第二次刺激的结果。肌上皮细胞再次挤出残余奶,排入导管,从而使人们可以获得这些奶。

当放乳激素促使奶汁从乳腺泡中排出时,如果不充分利用放乳激素的作用,也将导致残余奶量的增加。

一是当奶牛开始放乳后,拖延 5～10 分钟放置挤奶杯,会损失 1.36～2.27 千克奶。

二是挤奶间隔时间没有规律性。延长奶牛正常的挤奶时间会降低奶的收获量。

三是母牛排乳慢。乳头紧的奶牛排乳慢,在挤奶结束前,放乳激素已消失,因此挤奶时间越长,残余奶量越多。

四是真空压较低或不稳定以及机械操作不合适等都会使挤奶速度减慢,这样残余奶量即会随着挤奶时间的延长而增加。

在下面各节中,我们将对上面提到的各种因素进行详细的讨论，可从中了解到，在保证牛群安全的前提下，获得最大的奶量的方法及其原理。

二、乳房的外形

近年来，人们不断完善修订挤奶操作程序，“计划挤奶”、“定时挤奶”以及类似的挤奶系统已大部分完成，更深刻地了解挤奶器和更认真地操作挤奶器已改进了牛群健康和提高了产奶量。然而，如果我们能够进一步改进，并更多地应用母牛乳房解剖学方面日益增多的知识，就可以获得母牛产奶的最大产量。我们若能使机械挤奶动作适应乳房的天然结构，就能从牛群中更多地获得可以挤出的奶量，同时也有助于减少细菌侵入乳房组织而感染疾病的发生。

大量的观察结果表明，随着奶牛的生长、成熟，乳房倾斜的角度大约从 10°增加到 20°。据雷登和格拉符斯(1947)用照相的方法测定乳房的斜度，该斜度是一侧乳房的前乳头前沿的点与后乳头前沿的点划一条直线，延长此线与水平线相交，再用量角器测出形成的角度(图 6-3)。对 50 头荷斯坦青年母牛的乳房进行测定，其平均斜度为 10.1°。随着年

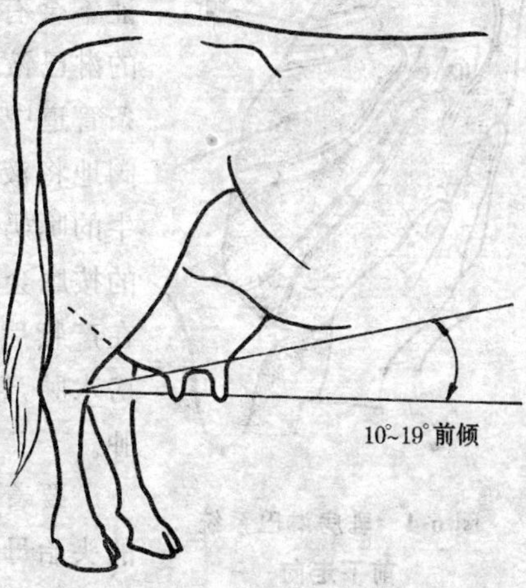

图 6-3　初胎牛乳房平均斜度

龄的增长，每年乳房的斜度都增大，尤其在2～3岁时增大速度最快，到7岁时可达到19°。

由于乳头通常与乳房的平面成直角，所以乳头一般是向前的。使乳房向前倾的另一个须强调的因素，正如美国密苏里州和瑞典的报道所叙述的那样，乳房的前乳区一般仅提供奶量的40%，而后乳区约为60%。从图6-4所示的淋巴系统可进一步证实乳房结构是向前及向下的。

仔细看一下母牛的乳房，其中有多少是前高后低的。专家们多年来观察更赛牛和荷斯坦牛的牛群后发现，初胎母牛乳房的平均斜度是10.1°，到7岁时增加到19°。当然，内部结构也是如此，奶的流向不仅是向下，而且是向前的。

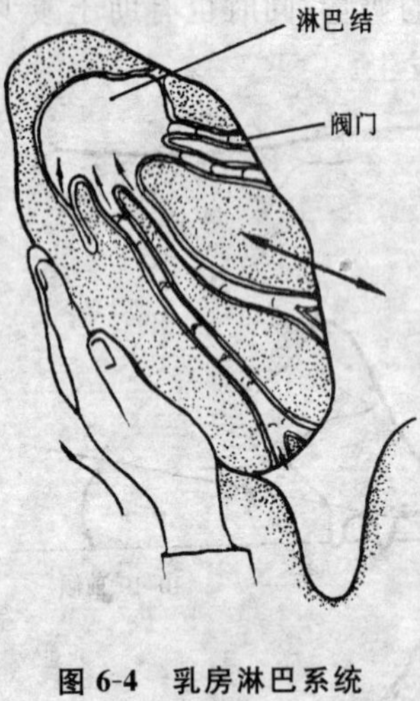

图6-4　乳房淋巴系统前下走向

淋巴结自然地顺着静脉管的回路分布在乳房的后上部。它保证不会有加压系统去迫使含废物的淋巴液返回到纯化中心。在每条管道中有一系列的单向阀门，逐阀地将液体推向后一段。1头犊牛的吮奶，挤奶器的动作，或向上的按摩会加速淋巴上行得到纯化。在产犊后由淋巴积聚而造成的乳房水肿，经按摩的推动会加快其消肿。

要着重强调的事实是，分娩后的头胎母牛立即挤奶，由于使用悬挂式或张力装置式的挤奶器，在挤奶过程中自然而然有节奏的动作将有助于驱动淋巴液沿着淋巴管的方向移向位于乳房后上部的淋巴结。这不但对于消除分娩后出现的肿胀有意义，而且在整个泌乳期都有良好作用。由于挤奶前这段时间内乳房中已有一定内压，而挤奶器有规律的按摩动作将有助于推进乳房中聚集的淋巴液的流动。可见，乳房中增加压力就会干扰淋巴液的流动。挤奶器的按摩动作有助于消散牛奶分泌期间由腺体产生的聚集的淋巴液。

奶牛乳房的外观情况和犊牛在母牛身边吮吸时有向前并向下拉乳头的动作，是我们在挤奶时应加以考虑的。

悬挂式挤奶器是交替产生向下和向前拉动动作，这与大部分乳房类型的天然结构及功能是相符合的(图 6-5)。

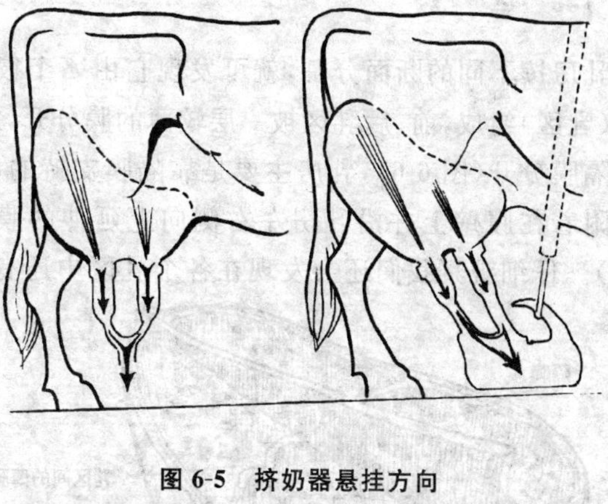

图 6-5　挤奶器悬挂方向

自然乳房外形具备一种向前和向下排奶的方向。上图右面的悬挂式或弹簧式挤奶器特别适应于这种奶流的方向，而左面的爪式挤奶器有改变这种奶流的倾向，使奶只向下流出。

三、奶牛的乳房结构

为了认识合理的挤奶程序的重要性，首先必须对乳房的构造有所了解。

在自然情况下，乳房的各个部分和控制乳汁的分泌、贮存及向乳池中排放的各种因子都能正常发挥其作用。但如果忽略了对挤奶的管理，不注意乳房的组织结构特点，则会使乳房组织受到破坏和损伤，引起疾病，使奶牛的产奶量下降。

为了弄清正确挤奶所需要的操作程序，有必要详细阐述乳房的构造，解释乳汁产生的原理。除此之外尤其重要的是要了解奶牛是如何使排乳与释放催乳素相协调起来的。

(一)乳　区

把乳房按不同的断面分割，就可发现它由 4 个彼此独立的腺体(乳区)组成，前、后乳区被一层较薄的膜分开，左、右被较厚的隔膜分开(图 6-6)，乳房主要是靠隔膜支持的，此外乳房还受附着在腹壁上并沿乳房左右侧向上延伸的膜的支持(图 6-7)。仔细观察我们还会发现在各个乳区中还有许多网

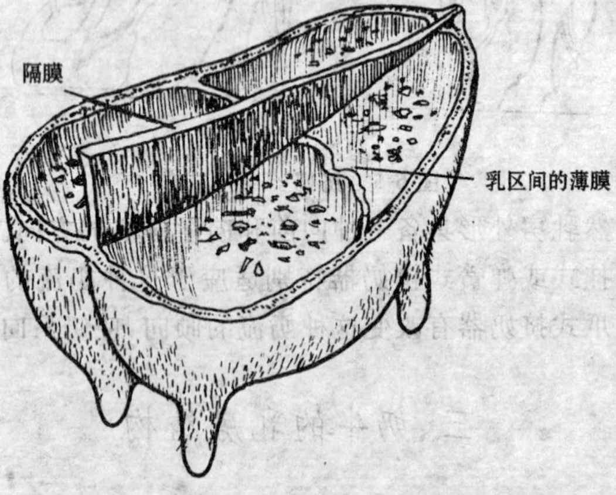

图 6-6　乳房四分区结构

状结缔组织，正是这些结缔组织支持着各乳区中的腺体。

乳房被一纵向隔膜分为左右两半，而每一半又被一张更薄的膜分为前后乳区。

图 6-7 通过两个后乳头的剖面来说明乳房是如何附着在牛腹部的，乳区内各个部分又是如何得到支持的。左半部主要表现支持乳房的中央纵隔膜和外表皮，上方为母牛腹壁；右半部为导管及其末端的分泌腺体细胞以及交错分布于乳区内的结缔组织，后者主要对前者起支持、固定作用。

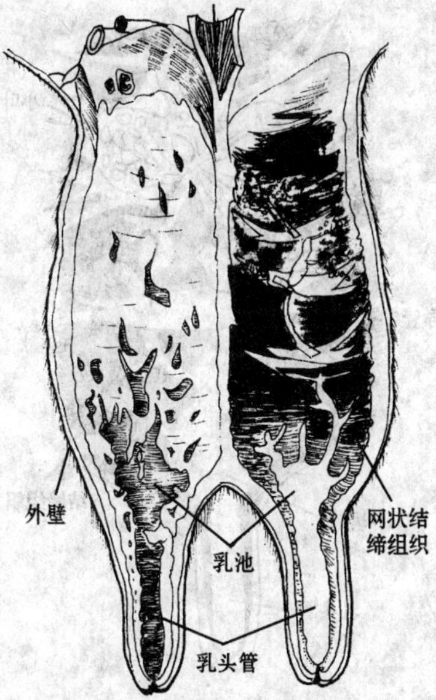

图 6-7 乳房附着的解剖

各乳区由许多叶组成，叶又由小叶组成，小叶又由腺泡组成。乳头与千百万个腺泡由结缔组织支持的导管系统相连。

(二) 乳腺泡

在每个乳区内有许多称作腺泡的细胞群，乳汁就是从这里分泌的。这些细胞与一个复杂的导管系统相连，通过导管系统进入乳池，然后到达乳头。乳房中的腺泡、导管系统、循环系统以及其他所有的实质部分(分泌组织)都是由结缔组织支持和分隔的。如果一个乳房有许多这样的结缔组织，则其体积可能很大，其中的分泌部分却很少。因此，仅从乳房的外观是不能知其产奶多少的。如果挤奶后乳房收缩得很瘪而且变得很松软，就表明其中的分泌组织比例较大。因而可以说，分泌组织包含着泌乳细胞群（腺泡群），而结缔组织则在乳房内的适当部位支持着泌乳细胞。各种动脉、静脉、淋巴毛细管、神经、导管系统等也是被这些结缔组织包埋在一起。结缔组织就像墙壁、地板和天花板一样把一个现代化工厂分隔成许多独立的车间。

图 6-8　乳区的小叶结构

乳房的整个结构都是围绕腺泡展开的。腺泡为球形结构，血液中的营养物质在这里转变为乳汁，腺泡是产乳中心。

每个乳区都被结缔组织分成许多叶。每一个叶与一个导管相连并向其中排放乳汁。每个叶的周围有结缔组织膜，它支持着乳房中的各个叶。每个叶又被结缔组织分隔为许多小叶，小叶通过小导管向主叶导管排乳（图 6-8）。小叶是由大量腺泡组成的，每个腺泡都有一排上皮细胞，乳汁即从这些细胞中生产并分泌。挤奶后这些腺泡应是空瘪的，但实际上仍有20%左右的奶残留在乳房中未被挤出。

在两次挤奶间隔时间内，上皮细胞内不断进行着乳汁分泌。每个小乳滴一形成，即被排入腺泡腔中，使其充满、膨胀。每个腺泡都与一个通向小叶中贮乳空间的导管连接，并通向小叶导管(图 6-9)。每个腺泡被几个纤维群(肌上皮细胞)全面包围着，受到刺激时这些纤维有收缩能力。当腺泡膨大时，纤维舒张，而牛受到放乳刺激时，纤维收缩，使乳汁排出。

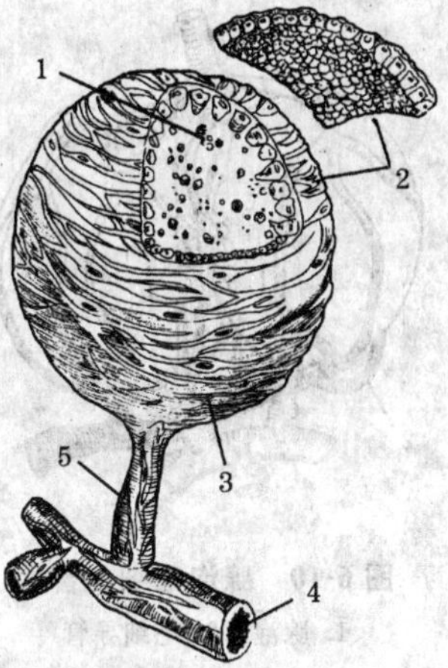

图 6-9　乳汁的聚积

1. 腺泡腔内脂肪球
2. 上皮或乳汁分泌细胞
3. 肌上皮细胞　4. 腺泡内导管
5. 毛细乳导管

腺泡是分泌乳汁的地方，在乳房中有数百万个腺泡。每个腺泡都排列着数千个上皮细胞，即乳汁分泌细胞。乳汁的分泌量在极大程度上取决于如何将挤奶动作与腺泡周围的肌上皮细胞挤压动作结合起来，可使乳排出。

每个腺泡周围都有很细的毛细血管网(图 6-10)。这些毛细血管的作用是将血液运输到排列在腺泡基部的上皮细胞。血液中的成乳物质通过毛细血管被上皮细胞吸收，然后构成乳中成分，如脂肪、糖、蛋白质、水，所有这些物质就构成了乳。每 30～40 千克血液经过乳房才能形成 100 克乳，这是排列在腺泡内壁的泌乳细胞中所发生的情况。由此可见腺泡在一刻不停地高效工作着。

图 6-11 由上向下的黑点为脂肪球，逐渐增大，然后被排出腺泡腔。

当腺泡充满，压力增大时，压迫毛细血管，抑制成乳成分

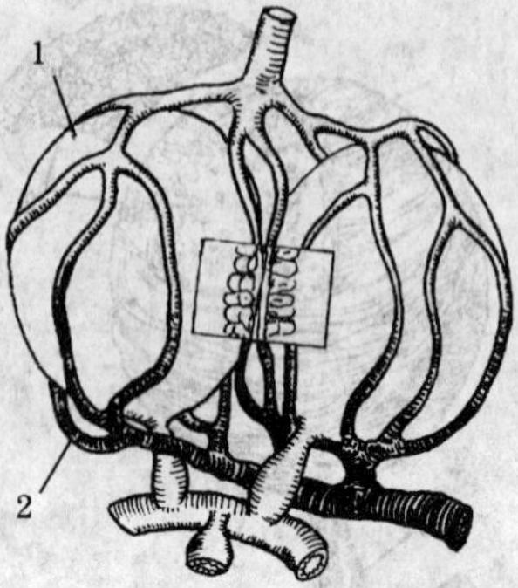

图 6-10　腺泡毛细血管网

1. 腺泡　2. 毛细导管

的供应。其结果是随着奶压的升高乳汁分泌速度减慢。

乳的生成首先是上皮细胞从血液吸收一定物质，使腺泡充满包括脂肪球在内的物质，然后乳汁被排入腺泡腔。在挤奶间隔的 12 小时中，上皮细胞就是这样经过多次分泌周期。一般认为，每 15～20 分钟，1 个上皮细胞被充满并释入 1 次乳汁。如此下去当分泌的乳汁使腺泡腔内的压力达到一定程度时，乳的生成速度开始下降。这时腺泡的直径可增加 4～5 倍。当腺泡内奶压继续增加时，少量的乳流出，进入导管系统。随着向乳房下部延伸，导管变粗，贮奶空间也随之增大。

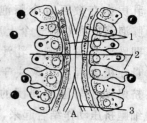

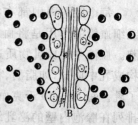

图 6-11　腺泡内泌乳过程

A. 血流畅通　B. 血流受到限制

1. 毛细血管　2. 腺泡腔

3. 结缔组织

测定乳房内压的装置，用于挤奶间隔时测定乳房内压的变化。

如欲测定乳池内奶压，可将一个挤奶管插入乳头并与压力表相连（图 6-12）。挤奶结束时压力为零。但随着乳池中奶的增加，越接近下次挤奶时间，乳池奶压越高，此压力可以达到 4～5 千帕。腺泡内奶压要比此稍大一点，这样可使乳汁缓慢流入乳池。到下一次挤奶前，乳池压力迅速提高，这时乳池和导管系统的压力已达到极限，乳汁分泌速度不会增加。

(三)定时挤奶的意义

通过对不同的挤奶间隔时间进行测定，可以最准确地测出乳房内的泌乳速度。测定结果表明，在两次挤奶间隔中，每小时的泌乳量十分一致，一直到奶压较高时细胞内的泌乳速度才逐渐下降。如果一头奶牛 24 小时没有挤奶，那么奶压就会变得很高，以致使乳汁的分泌停止。

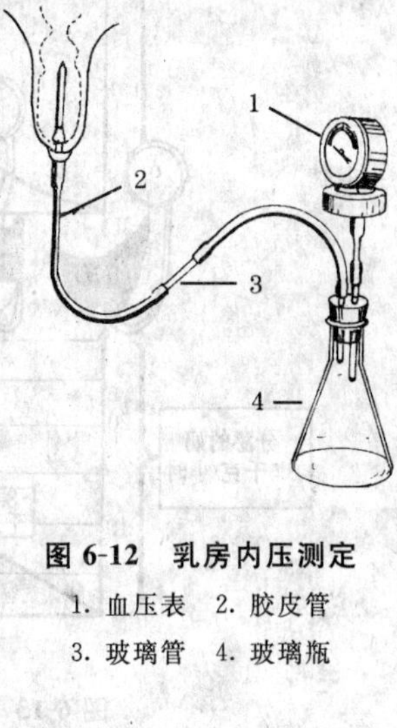

图 6-12　乳房内压测定

1. 血压表　2. 胶皮管
3. 玻璃管　4. 玻璃瓶

在挤奶间歇期间，乳房中的奶压达到 3.33～5.33 千帕(25～40 毫米汞柱)时，向腺泡表面输送血液的那些毛细血管，由于腺泡膨胀的压力作用，部分或全部被压瘪。这样，为进一步产乳而需提供的血量将大大减少。这就是挤奶间隔较长时泌乳量较高的原因。然而每小时奶量却是间隔时间短时较高(图 6-13)。

将压力计与塞入牛乳头的导管相接，可得到权威性的数据。图 6-13 上部说明一头典型的日产奶 10.9 千克的牛在 12 小时内压力达到 4 千帕的情况；该图下部表示在这 12 小时内分泌的奶量。右边深色部分表示如果再晚 4 小时挤会出现的情况：奶压的升高使奶的分泌速度降低，结果只能获得 1.8 千克的增产量，而如果只间隔 12 小时挤奶，就可比 8 小时间隔多产 3.6 千克。根据奶压低泌乳速率高的原理，较高产的牛

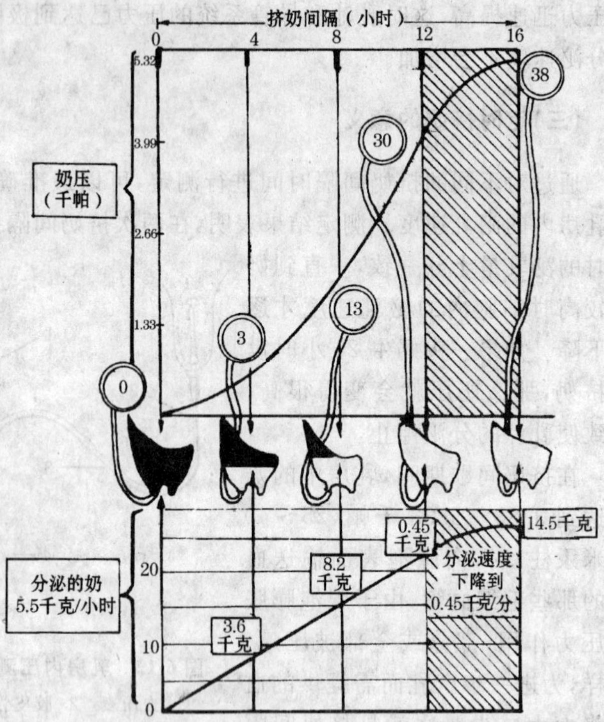

图 6-13　定时挤奶的意义

(尤其是产犊后)1 日 3 次甚至 4 次挤奶,可获得较高的奶量。

例如,分别于第一次挤奶后 10、14 小时挤奶,则后者挤奶量较高;但如用 14 去除这个产量,所得的每小时产量低于间隔时间 10 小时。这是因为挤奶间隔短,能较多次地缓解乳房压力,使奶的产生始终维持较高速度,从而使我们能得到最大的日产奶量,有效地发挥乳房的潜力。

临挤奶前,只有少量奶存在于乳池和乳头管中。其余的奶均分布在大大小小的导管中,且有很大部分存在于数以百万计的腺泡内。由于大部分乳汁存于腺泡中，且几乎全部毛细血管都阻止其排放，所以如果没有奶牛及其内分泌系统的协调，就不能从乳房中得到奶。当然，必定存在着一种途径，使腺泡分泌的乳汁进入腺体和乳头中较大的管道并由此排出。这一过程是通过一个管道系统来完成的，此系统使腺泡与结缔组织间的通道相连。这些通道不断向下通过各个区域时，逐渐汇合为较大的导管，最后流入位于乳头上方的乳池中，并通过乳池流入乳头管。

这一导管系统有几个对机器挤奶特别重要的结构特点。导管向上通过乳区时分出许多树枝状分支，每个分支点上都有收缩峡(图 6-14)。

导管的分支都有收缩部，使乳汁不会一边分泌一边流到乳房下部或乳头中去，能在挤奶前将大量奶保持在乳房上部，还有助于放奶时获得较大量的奶。

由此构成的管道系统使得从腺泡中排出的乳汁或多或少地留在各分支导管中，而在牛运动时也不会由于重力作用流入乳池。这些导管分支既有水平方向延伸的，也有垂直方向的，每个导管都由结缔组织架起，因此随着奶重量的增加，使小导管下垂从而阻止了乳汁在导管中的流动(图 6-15)。

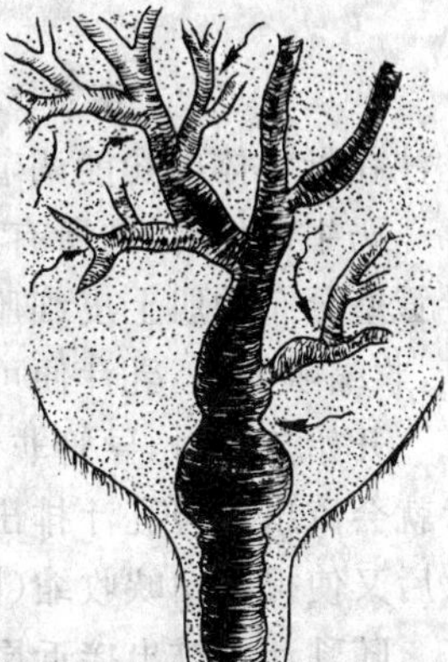

图 6-14　乳导管的贮奶功能

（图中箭头所指为收缩峡）

饱满的乳房在受刺激前，外部乳腺区的牛奶重量压迫导管系统，防止了大量的奶漏入较大的导管系统。受到刺激后，

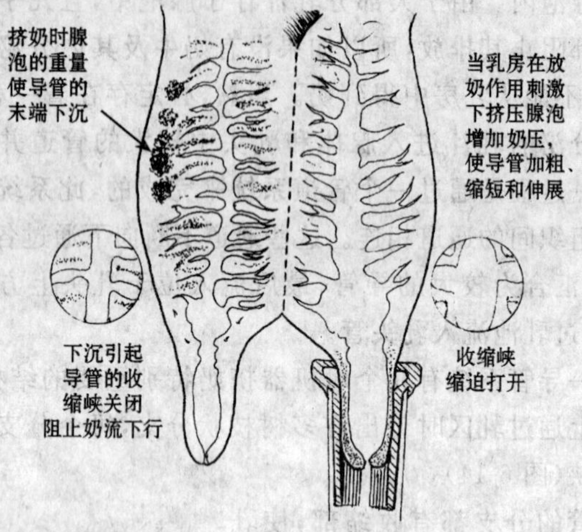
挤奶时腺
泡的重量
使导管的
末端下沉
当乳房在放
奶作用刺激
下挤压腺泡
增加奶压，
使导管加粗、
缩短和伸展
下沉引起
导管的收
缩峡关闭
阻止奶流下行
收缩峡
缩迫打开

图 6-15　挤奶动作的作用一

乳汁在母牛体内功能调节下才流入导管。

奶牛放奶时，向所有腺体区域施加压力，同时平滑肌和沿导管壁分布的肌上皮细胞使导管收缩，使结缔组织架起处伸直，收缩峡变粗，乳汁便可向下顺利流入乳池。

开始挤奶时，导管非常膨大，在整个乳房造成的压力下乳汁就会流出。但乳汁排出后，导管便逐渐松软瘪塌。导管松软后又使得收缩峡收缩（图 6-16）。

随乳汁的排出接近尾声，压力降低，使导管松弛，最后一部分奶滞留在大量的分支导管中（图 6-16 左）。变换的挤奶动作，可防止这种松弛现象的出现，导管向下倾斜，倒向较大的乳池方向，使奶较快地排出。

导管重新下垂，这时残留在小导管和腺泡中的乳汁可达总分泌量的 20％～25％。一般认为在外侧导管中聚集有大量的乳汁，可通过乳头杯向前向下的交替运动有效地排出。

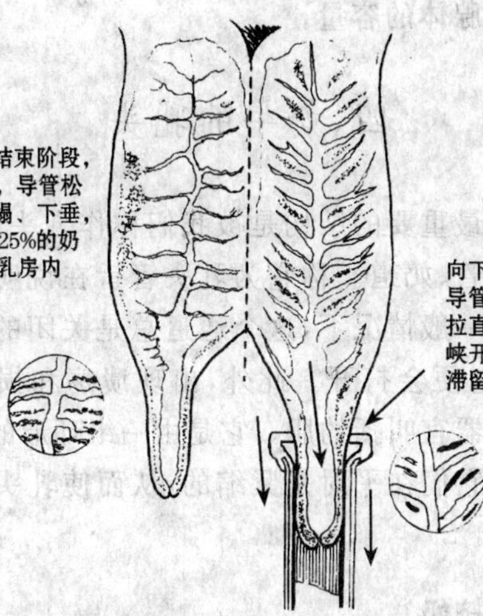
在放奶结束阶段，奶排出，导管松弛、瘪塌、下垂，使20%~25%的奶滞留在乳房内
向下拉奶头导管伸开，拉直，收缩峡开放，使滞留的奶排出

图 6-16 挤奶动作的作用二

拽拉乳头可引起对整个乳池及导管系统的拉动，这就会使导管交替舒张，顺利排乳。每个吸奶动作的松动、回缩及向上的按摩动作都会使导管变宽和缩短，加速奶流向前向下流动。

当乳房在最大压力下，即内压使乳汁向乳头方向运动时，几乎各种挤奶器都能挤出第一批奶。当放乳力量逐渐减弱时，悬挂式和弹簧式挤奶器是最好的。使用时应挂在乳房前端。随着机器向下和向前的动作而向下和向前拉动乳房，刺激乳腺通过小导管排乳。

为了使其他类型的挤奶器也具有与悬挂式挤奶器相同的效果，必须通过加大对挤奶器向下向前的拽拉作用来提高挤奶杯的应力。凡使用这种原理设计的机器挤出的余奶都是最多的，除非手工挤尽余奶。余奶的乳脂量一般较高，因此是否挤尽余奶将直接影响养奶牛户的收入，而且余奶多会占去下次分泌乳汁时腺体的容量。

四、奶牛的乳头

乳头底部最重要的结构是被我们称作乳头管的通道，又称它为乳头导管、奶道。称它为乳头管旨在说明它是一个细小的通道。在一般情况下，这个通道总是关闭的，但是，一旦有压力出现，它便会打开。此外，出现溃疡和损伤它也会打开。这个关闭器官叫括约肌。它是由一组环形的富有弹性的平滑肌组成。它们在平时是紧缩的，从而使乳头管处于关闭状态。

（一）手工挤奶

在手工挤奶时，拇指和食指靠近乳房的一端捏住乳头，其余几个手指向下挤压乳头将奶挤出。挤压可增加乳头内的奶压，从而迫使乳头管开放，使奶流经乳头管排出。在犊牛吮奶或机器挤奶之际，在底部提供负压（真空），可完成同样的过程（图 6-17）。

用手挤奶是一个原理，而挤奶器挤奶和犊牛吮奶则是另一个原理。用手挤奶时，将整个乳头中的奶挤出，实际上把乳房按摩了 1 次。

挤奶器和犊牛吮奶是在间歇冲撞下进行的，让空气周期性地进入套管，使充气套沿着乳头间歇地变软，提供按摩作用，这是乳头壁中避免充血所必需的。

挤奶速度在很大程度上取决于奶压克服乳头管周围富有弹性的肌肉阻力程度，以及导管张开的程度。“不闭合”这个词是指弱的、松弛的或功能不全的括约肌。这种括约肌不能很好地控制乳头管的关闭。挤奶困难的牛具有很紧的括约肌。由于括约肌很难打开,奶只能以很细的奶流挤出。在机器挤奶过程中,也会遇到同样的问题,即便是相对很高的真空也不能使括约肌充分打开。因此,奶便不能顺利流出(第六节将进一步讨论)。

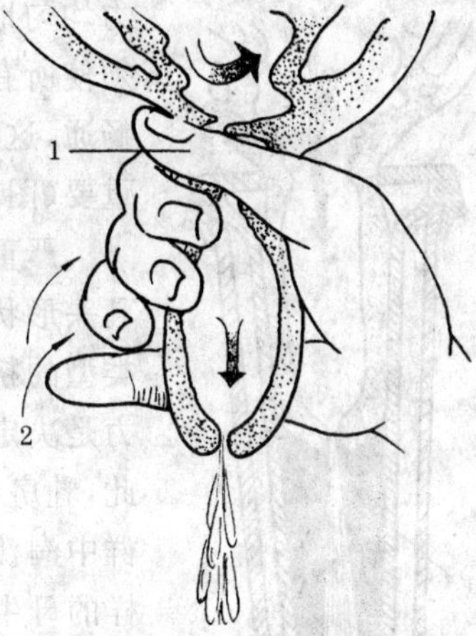

图 6-17　手工挤奶

1. 拇指和食指截住奶流

2. 其余几个手指向下挤压乳头

在这个领域的一些学者认为,乳头的一个功能是防止细菌从入口处进入乳房。因此,有人认为,挤奶容易的牛比挤奶困难的牛更容易患乳房炎。近来的试验表明,这个结论是正确的。

乳头管的组织与乳头外部组织的类型相同,是多层组织。各乳头在大小和形状上是不同的。尽管后乳腺奶容量比前乳腺大,但前乳头口通常比较长。

(二)机器挤奶

随着机械化挤奶的日益普及,牛的乳头和乳房对机械化挤奶的适应性成了一个需认真加以考虑的因素。对手工挤奶来说,乳头的最大缺点是大小不适当,不便于顺利挤奶。很明显,括约肌紧的乳头使手工挤奶又慢又困难。对于机械化挤奶来说,若因乳房形状不好,使乳头分布太宽或分布不合适,那么挤奶就很困难。这是因为在此种情况下,乳房很难将压力均匀地分布在每个乳区上。因此,必须使所有的乳导管都适度开放,使奶流畅通,这在挤奶的最后一、二分钟尤其重要(图 6-18)。

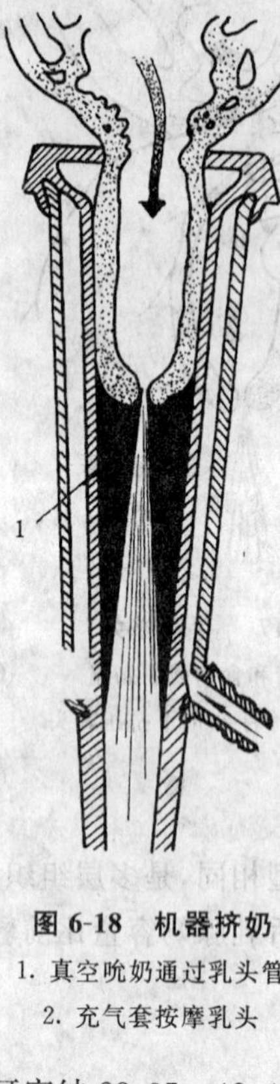

图 6-18 机器挤奶

1. 真空吮奶通过乳头管
2. 充气套按摩乳头

严重下垂,乳房底部距地面太近,乳头形状特别异常或瘤状乳头对任何类型的挤奶器都很成问题。时间和劳力是决定奶生产成本的重要因素。因此,乳房、乳头有问题的奶牛最好从牛群中淘汰,以减少生产成本。另外,这样的母牛很可能会把它们的缺点遗传给后代。

这种异常乳头是经常出麻烦的根源。图 6-19 是囊状乳头的简图,它可污染牛奶,威胁整个乳区。左边乳头有长乳头管,实际上整个乳池是一个导管。右边乳头有过度生长的环状圈,它几乎封闭住了乳房和乳头两个乳池的通道。

在乳头管上,奶牛的乳头变粗,形成可容纳 28.35～42.43 克奶的空腔。虽然乳头壁厚度是相当一致的,但乳头形状和空腔的大小是各种各样。衬在乳头池内的膜可以是平滑的,也可以是皱褶的,甚至可以有囊袋。囊袋在两次挤奶间隔时间内与持留器或盘一样,成为细菌向上传染到乳房的出发点。

美国新泽西州的缪费检查了 11 头更赛牛乳头和 10 头荷斯坦牛乳头形成囊袋的程度。他发现同一个乳房的 4 个乳头形成囊袋的程度基本相似。7头更赛牛的乳头是无囊形的，4头是呈轻微囊形的，没有一头是呈明显的囊形的。2头荷斯坦牛的乳头是无囊形的，4头是呈轻微囊形的，4头呈明显的囊形。

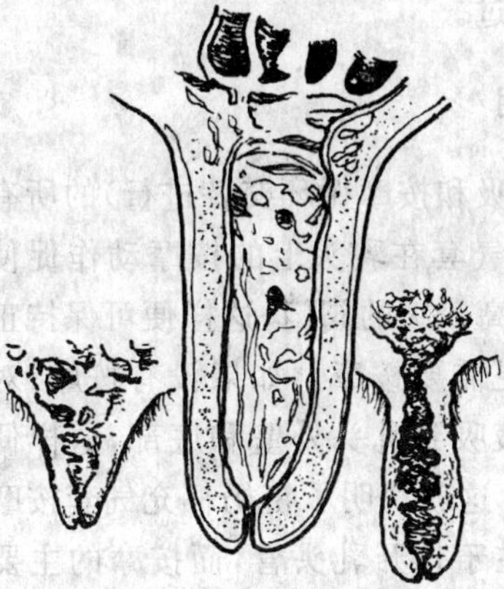

图 6-19 异常乳头

有间歇地向下拉动爪式挤奶器，或使悬挂式或弹簧式挤奶器不断运动，有助于把囊袋里的奶挤出来。

另外，乳头壁上分布着许多动脉和静脉，只要在挤奶时乳头得到按摩(通过手或挤奶充气套的动作)，乳头管便处于开放状态，这样奶就可很顺利地通过。如果由于某种原因使乳头端部具备真空条件，而乳头得不到按摩的话，血液就会大量地聚集在静脉中，而来自乳头的血液只有通过毛细血管中的单向阀门系统或细微静脉系统才能重新返回乳房。因此，乳头需要按摩才能恢复正常功能，否则乳头壁充血，乳头池的容积便会减小，从而进一步妨碍奶的流畅(图 6-20)。乳头中几乎充满了静脉和动脉。只要乳头中的循环作用始终在充气套的按摩动作下得到保持，就

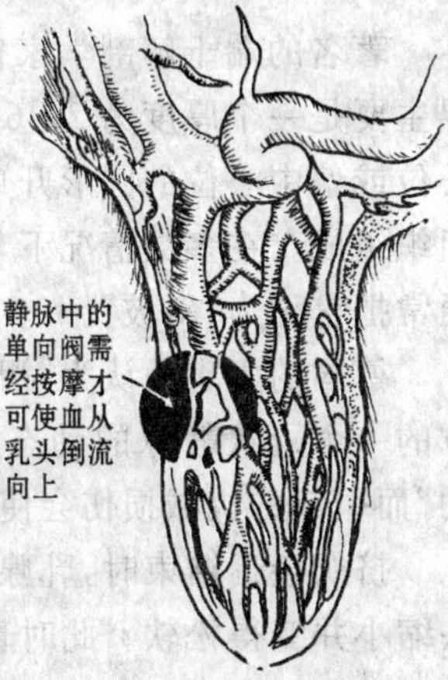
静脉中的
单向阀需
经按摩才
可使血从
乳头倒流
向上

图 6-20 奶的通过

有许多空隙，保证奶从乳池通过。

（三）双脉冲乳头杯的应用

在应用双脉冲乳头杯（吮吸和按摩循环交替进行）的所有现代化挤奶器中，挤奶杯的充气套在乳头上的按摩动作促使血液流向静脉，再相继通过较高一级的阀门，这样便可保持正常的血液循环。淋巴毛细管更需要按摩。如果没有按摩，对乳头连续施加的真空将把血液吸到乳头外壁和底部，这样便会引起这些区域的暂时充血。这就说明了挤奶杯充气套按摩动作的重要性。真空的目的在于打开乳头管，而按摩的主要目的是保证乳头壁不充血。

乳头的顶部，即乳头管与乳池的连接点能张开得很大，当然在有些情况下还能收缩。收缩有许多原因，在乳头与乳房连接的地方有为乳头提供血液循环的静脉是诸多原因中的一种。

著名的瑞士解剖学家鲁比赫指出，乳头池与乳腺体的分界主要是一个厚度为2～6毫米的环形收缩物，它有一个在中心位或偏中心位的圆形开口。这个环形收缩物由密集的结缔组织组成。在多数情况下，它像一个圆形物延伸到乳头池内，通常把它称为“斜坡”。

德国的康琪曼认为，褶层的厚度取决于位于乳池膜正下方的一个冠状静脉的动态。据有关报道，因挤奶杯反复“蠕动”而引起的机械损伤会使该褶层生长过度。

挤奶接近结束时，乳腺体的收缩和逐步松弛使乳房和乳头缩小并变得松软。此时真空使乳头深深地陷入奶杯。当挤奶向上移到乳房底部时，从腺体通往乳头池的通道被阻断，因而使奶的流动受阻（图6-21）。

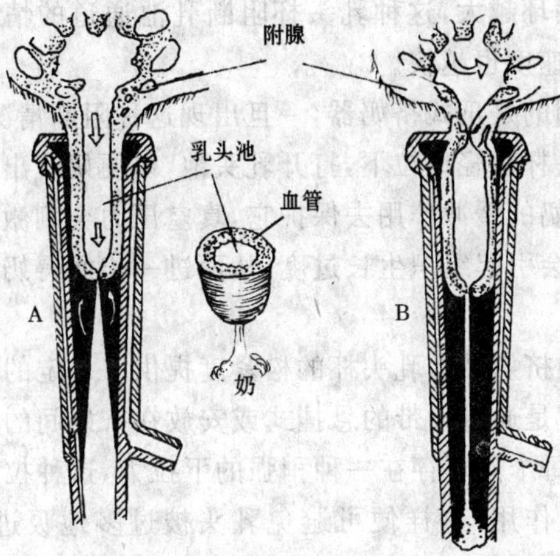

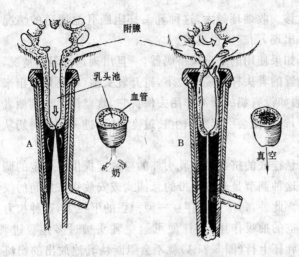

图 6-21　蠕动式乳头杯的缺点

A. 奶的通道开放　B. 奶的通道关闭

有两点可说明蠕动式乳头杯为什么会妨碍获取最后一部分奶,并引起乳房损伤。图 6-21 A 说明,乳头杯受悬挂式机器的拽拉,或立地式机器爪钩的紧握而保持低位时,真空只对乳头端部和乳头内存在的奶有效应。细嫩的辅助腺高于乳头杯顶部的上方。乳头剖面图表示乳池开放,血管很细。图 6-21 B 说明,当乳头杯上行到上部时,乳池和乳头间的内部嫩肉被吸下,使奶的通道关闭,奶流中断,真空就对乳头内壁发挥作用。这就可以说明,不断的下拽及按摩动作对完善的挤奶是必须的。

应注意,某些挤奶杯充气套的设计较合理,例如普通的小孔型充气套可防止乳头杯整个地向上移动到乳房底部。除非有下拽的拉力作用于乳头杯,否则收缩会慢慢形成。即使那种有窄孔的充气套到不了环形的褶叠处,这种乳头杯也会停止上移。收缩环越大，这种乳头杯阻断乳池通道的情况就越容易出现，而速度也越快。

如果使用的是爪式挤奶器，一旦出现这种阻断情况，必须将放置的乳头杯轻轻地拉下，打开乳头池，以便奶流出来。否则，假如没有奶的缓冲作用去保护它，真空压力会刺激乳头的内壁，这样便会引起组织生长过度，从而进一步妨碍奶从腺体流出。

悬挂式的挤奶器为乳头杯的松紧度提供了一定的调节范围。这种调节是通过腰带的悬挂式或安放在挤奶间的仪器进行的。此外，每个循环存在一种稍强的下拉力，这种拉力可抵消真空的抽吸作用，这样便可避免乳头被过多地吸进乳杯。防止乳杯上行(图 6-21A)就不会阻断从乳池放出的奶流。当挤奶器把乳头池和乳池间连接处的收缩环关闭时，如果没有奶去解除压力，真空的压力都集中在乳头池，乳头壁上排列的毛细血管便会充血。因此，会给乳头内的细嫩的膜带来损伤。

随着每个挤奶脉冲的产生，乳头周壁就会出现一种刺激性的摩擦。当乳头的贮奶池被阻断时，许多小的附腺体的存在可能进一步加重乳池壁的摩擦而产生有害影响。在这些条件下，要是不去缓解真空压，不但在乳头的乳池中，而且在腺体贮奶槽和较粗的奶导管中同样会出现组织刺激。这就说明首先挤完奶的乳区要先摘去乳头杯的重要性，同时也说明，整个乳房已不再放奶时应立刻脱掉机器的重要性。

前面的讨论说明了，为什么有些挤奶器的机械特性更适于高效率地从牛的乳房挤出牛奶，而造成机械损伤的危险又最小的原因。另外还有一些挤奶器，如爪式挤奶器的乳头杯上安装的拽拉器，结合间歇缓解压力，再加上向前、向下的运动以及用手按摩乳房，就可完成整个挤奶过程。

随着挤奶器的逐步自动化，对乳头杯的功能仍然要给予充分的考虑。当常规挤奶器使用不当时，除非乳头杯可以从个别乳区分别脱落，否则自动化的挤奶器同样可引起组织刺激。给一个自动化挤奶系统提供向下、向前的拉力同样是重要的，特别是在挤奶的后期，这一点显得更为重要(图 6-22)。

牛奶停止流动时，能使个别乳头区的乳杯脱落的挤奶器有助于乳头不受摩擦，自动单乳区脱落挤奶器对已挤完奶的乳区很敏感，可脱下相应的乳头杯。机器可在乳头杯摘下之前关闭真空，挤奶器被挂在可调的挤奶器支架上。

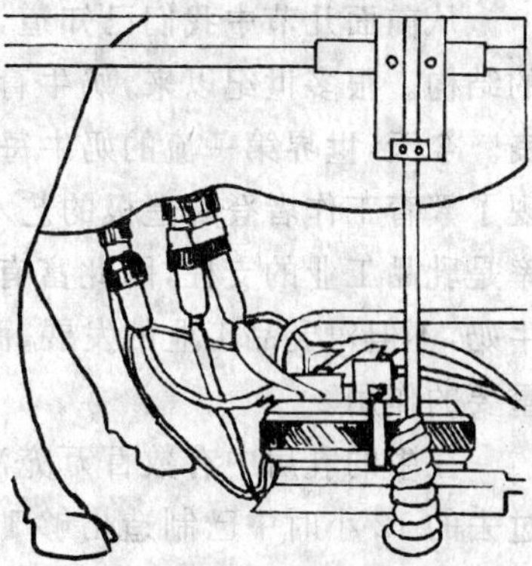

图 6-22　自动脱落装置

乳房的组织结构说明，有办法把奶尽量挤尽。但是在一个奶牛场，挤奶方法的实施取决于挤奶器的操作者。这就是说，操作者不但要知道如何最有效地使用挤奶器和安全挤奶，而且还要知道什么时候使用这些办法。应用挤奶装置必须定时，要与奶牛“释放”牛奶的生理节律相协调。这个问题将放在以下各节中继续加以讨论。

五、奶的收获

有些庄稼 1 年只收获 1 次，有些庄稼在整个生长期以不同间隔时间收获若干次。在美国，牛奶大约每隔 12 小时收获 1 次，常年不断。奶牛乳房中奶的分泌是一个连续不断的过程，即每过几小时就必须把累积的奶挤出，要不然奶的分泌就会逐渐停止。在美国，冗长而令人厌烦的手工挤奶工作大部分已让现代化的挤奶器代替。在过去的45年中，挤奶器已有很大的改进，而对如何更加迅速、更加完全地收获乳房中累积的奶的条件的了解，也取得很大的进展。

从前面几节中我们已知道，奶牛的乳房是一个极为复杂的结构。很多世纪以来，奶牛育种工作者已对乳房进行了改良。今天，世界第一流的奶牛每天可生产大量的奶，而且也表现了繁育工作者登峰造极的艺术才能。商品奶牛群的生产效率是乳品工业的支柱，因此富有成效地获取这些母牛的全部牛奶，不但对乳品工业的发展，而且对奶牛户的收入也有非常重要的作用。

在牛的乳房中有数百万充满奶的乳腺泡，这些乳腺泡在过去的12小时中已制造出够1次挤奶的量。这时肌上皮弹性囊带是舒展的，而且充满乳汁，使这些乳腺泡中的压力很大，以致血液循环也因很多毛细血管被阻断而大大减弱。与此同时，在乳腺泡内排列的细胞中还滞留着大量的乳脂。

乳房中的奶准备排出时，其中大部分是贮藏在乳腺中的。首先是贮藏在每个乳腺泡引伸得很小的毛细血管中，其次是贮藏在导管系统各分支的收缩部分，第三是贮藏在结缔组织支持的导管内的悬状袋，这些悬状袋大多是牛奶本身的重量促成的。

很清楚，要得到这些奶，必须与奶牛及其内分泌系统协调起来。在美国东印第安州奶牛中发现，如果母牛乳头从未被犊牛吮过奶，在手工挤奶或挤奶器刺激后，母牛会放奶。如果是已让犊牛吮过几天奶的，则对其他任何刺激都无反应，而且会拒绝放奶。挤奶时，如果没有奶牛的配合，那么，不管是手工挤奶还是机器挤奶都不能顺利地获取奶。奶牛通常能够在挤奶时对挤奶刺激做出反应,并且还能配合。然而,在很多情况下,奶牛也能因受到与挤奶有关的辅助刺激而释放奶。如果在挤奶过程中常常出现一些奶牛能看到、听到、嗅到的东西,那么奶牛会因这些东西刺激而释放奶,而不是因挤奶的预备工作而释放奶。在一些奶牛场,邻近的饲料车内散发出来的饲料味道,传入牛舍的挤奶器的喧嚣声,甚至真空泵启动时的声音都能引起放奶。

要是以上无意识的刺激在挤奶之前很久一段时间出现,就可刺激许多母牛放奶,那么有价值的激素效应对奶牛的作用便是浪费。因此,非常重要的是,挤奶人员要在使用挤奶器前大约1分钟就给予一定的刺激,使奶牛产生条件反射。这个过程可通过浸润温水或热水的布清洗乳房和乳头来完成。这样做能产生一种立竿见影的效果,如同犊牛温热而潮湿的嘴在乳头上的效果一样。这种刺激可通过神经传到大脑,再从大脑传到一个称作垂体的内分泌腺。垂体就像是从大脑底部吊挂下来的,同樱桃一般大小的组织(图6-23)。神经刺激使垂体的后部向血液排入一种称为催乳素的化学物质,即放乳激素。因该物质是通过血液流入牛的乳房,从而引起腺泡周围的肌肉状的微小细胞收缩。这些类纤维细胞的收缩作用与用手推压注射器基部的作用相似。数以万计的乳腺泡个个都是这样受到挤压的,而乳池中的压力几乎是这个压力的2倍[6.67～8千帕(50～60毫米汞柱)]。

正常情况下,从乳房受到刺激(清洗)开始,一般来说牛在1分钟内便放奶。

然而,奶牛也会“控制”自己而不放奶。如果没有任何刺激,就将挤奶器套在乳头上,你会发现在大约1分钟内只能得

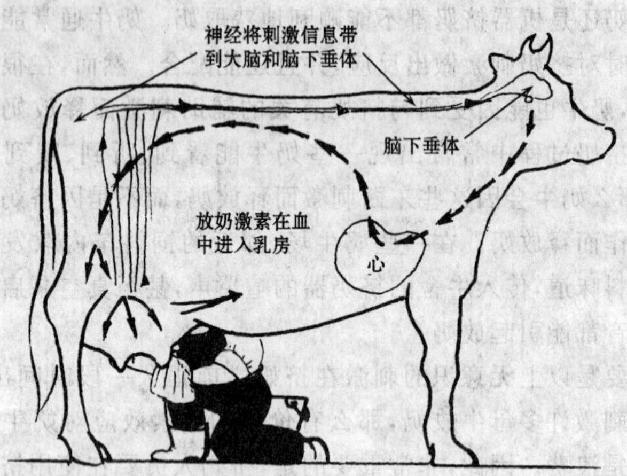
神经将刺激信息带
到大脑和脑下垂体
脑下垂体
放奶激素在血
中进入乳房
心

图 6-23 神经和激素对放奶的作用

到少量的奶。挤奶杯充气套有节奏的吸吮和充分按摩，以及一些其他与奶牛放奶有关的因素，均可对奶牛的垂体产生刺激。随着乳房肌上皮细胞的收缩，奶被压入乳池和乳头池，这时就必须把奶迅速挤出。而在奶牛放奶之前，最好不要去套乳头杯。这样做的理由是，在乳腺和乳头中的乳池内贮存奶很少，因此奶会被很快挤尽，此时真空对乳池细嫩的壁产生作用，从而刺激薄膜。这种刺激可能致使奶牛表现出痛感。如果刺激过于严重，反应很强，会使奶牛“持留”部分牛奶(图 6-24)。

当将机器安到奶牛的乳房上时，就决定了母牛能提供多少奶量。此图上的典型奶牛在乳房受到完全的刺激时，奶压是 4 千帕(30 毫米汞柱)，在不到 1 分钟的时间压力上升到 8 千帕(60 毫米汞柱)。对一般未挤奶的奶牛来说，在数分钟内可保持最高放奶量。要是挤奶延误 5 分钟的放奶时间，就意

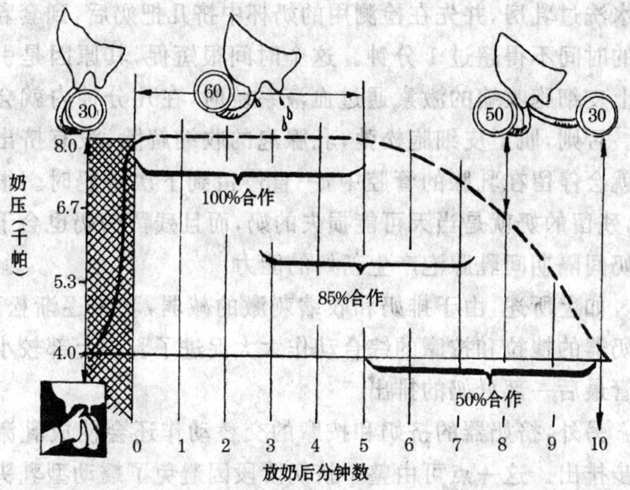

图 6-24　放奶时间

味着你从母牛得到的合作较少，因为压力将返回到 30 毫米汞柱。

要是没有奶牛的全面合作，只能得到一小部分奶，永远甭想获取全部的奶。

这就是奶的释放刺激尚未构成，奶压不充分，奶牛尚未准备完全排奶之前，一定不要套乳头杯的原因。

新西兰的一项研究表明，如果同卵双生母牛中的一头在放置挤奶器前刺激 30 秒钟，那么这头牛在一个泌乳期比没有受到刺激的另一头同卵双生母牛多产 32％的奶和乳脂。未受刺激的母牛在开始泌乳后 50 天，产奶量便迅速下降，停奶也早 50 天。试验表明，每分钟的排奶速度增加，总的挤奶时间便减少。在正常情况下，同卵双生母牛就产奶量和挤奶性能而言是很相似的。因此，这些结果对测定刺激值是特别重要的。最重要的是确定应用机器与释放奶的时间关系。从用温水洗过乳房，并先在检测用的奶杯中挤几把奶后，到套乳头杯的时间不得超过1分钟。这个时间很短促，其原因是引起肌上皮细胞收缩的激素通过血液系统时，在几分钟内就会消失。否则，肌上皮细胞松弛，乳腺泡的收缩解除，没有挤出的奶就会停留在乳腺的管腔中，一直停留到下次挤奶时。很明显，残留的奶就是当天可能损失的奶，而且残留的奶也会干扰挤奶间隔期间乳腺泡产生新奶的能力。

如上所述，由于排奶和收缩刺激的减弱，乳房逐渐松弛，挤奶器的拽拉和按摩的综合动作大大促进了乳腺上部较小的导管最后一部分奶的排出。

另外，挤奶器的挤奶和按摩的交替动作还会使放乳激素逐步排出。这一点可由整个挤奶阶段因避免了蠕动型乳头杯引起的乳头和乳腺的开口被阻断后造成的刺激，而得到进一步的证实。这就说明为什么在给予奶牛适当的刺激之前，安放挤奶器所引起的任何不适的刺激，都很容易中断正常的放奶过程，破坏了想得到母牛合作并获取其奶所做的努力。现在问题已经很清楚，在挤奶时必须和善地对待奶牛，因为奶牛可以通过同放奶机制相反的机制而很容易地阻止产奶（图6-25）。

“持留”激素如何与奶牛的合作相冲突，这与图6-24相似。这2张图表明，一条正常的合作曲线与“持留”激素引起的其他曲线的对比。

在一头被惊吓的母牛体内，其血液中的肾上腺素几乎会全面阻断放奶活动，时间可长达25分钟。在正常刺激完成前因安放挤奶器引起的摩擦刺激，会使肾上腺素分泌增加抵消放乳激素的作用，从而妨碍奶牛的全部合作。刺激放奶后出现疼痛感会使奶压很快下降。

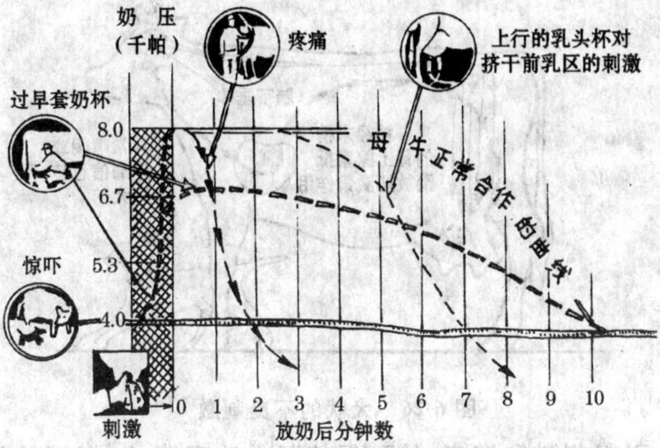

图 6-25　影响放奶的因素

任何不良的刺激都会在挤奶时引起“持留”激素起反作用，降低奶压，因此使该次挤奶的奶量降低。

此时，如果让一条狂叫的狗追逐奶牛，使它受到惊吓，或者任何一个使它不安的方法均可激活其交感神经系统的活性，促使肾上腺素释放并进入血液。肾上腺素可引起乳房中毛细管收缩。如果奶牛在被刺激释放奶前就受到惊吓，肾上腺素阻止释放激素到达肌上皮细胞，那么肌上皮细胞就不能收缩，这样奶便排不出来。

如果奶牛是在挤奶过程中受到惊吓的，那么肾上腺素就会阻止血液中的放乳激素，再释放到肌上皮细胞，这样便会使细胞松弛，奶就不能完全被挤出来(图 6-26)

如果奶牛是在挤奶前受到惊吓，可让其站立 15～20 分钟。这期间，血液中的肾上腺素迅速消失，然后刺激奶的释放，此时放乳激素起有效的作用，奶的排出就成为可能。在安放挤奶器前，给奶牛以恰当刺激，否则会使真空吸吮几乎空的

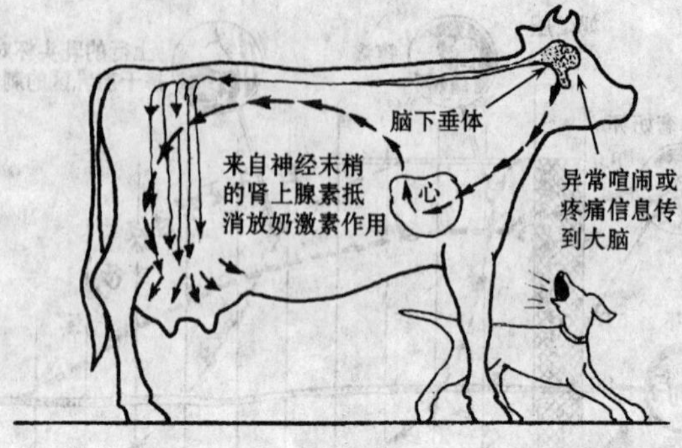
脑下垂体
来自神经末梢
的肾上腺素抵
消放奶激素作用
心
异常喧闹或
疼痛信息传
到大脑

图 6-26　犬吠的不良刺激

乳头，引起刺激和疼痛，从而促使肾上腺素释放，抵消放奶激素的作用。

挤奶接近结束时，随着乳房压力的降低，乳头直径变小，乳头杯向上移动的阻力便会减小。除非挤奶器的设计在每个循环中可施加更大的拉力，以使乳头杯向下。否则，乳头杯将向上移动，这样就会阻断乳池。如果这种情况继续拖延下去，肾上腺素就会分泌，那么母牛就会持留最后一部分奶，而不让其排出。因此，当用爪式挤奶器时，机器操作者要非常敏捷，并随时做好准备，一旦发现乳头杯向上移动，就应立刻向下拉，这一点是很重要的。由于同样的原因，弹簧式装置的挤奶器操作者也需要在挤奶接近结束时，加强向下和向前的拉力。

开始挤奶的时间应是放乳激素刚到达乳房的时候，太早或太晚都会使挤奶量下降。在奶压最高时，奶牛的配合最为密切。这时挤奶杯挤奶不能中断，一直要到奶排完为止。重要的是每当一个乳区的奶一挤干，就要马上摘下该乳区的乳头杯。要记住，前乳区的平均奶量是总奶量的 40%。因此，前乳区挤完奶的时间比后乳区早。

可将一个玻璃接奶杯套接在乳头杯的下面，与挤奶管相连，以观察每个乳头的奶流情况。这样便可决定什么时候摘去乳头杯。在每个乳头杯下面用人工挤压奶管来标明每个乳头的奶流，也有助于了解乳头中停止流奶的情况(图 6-27)。

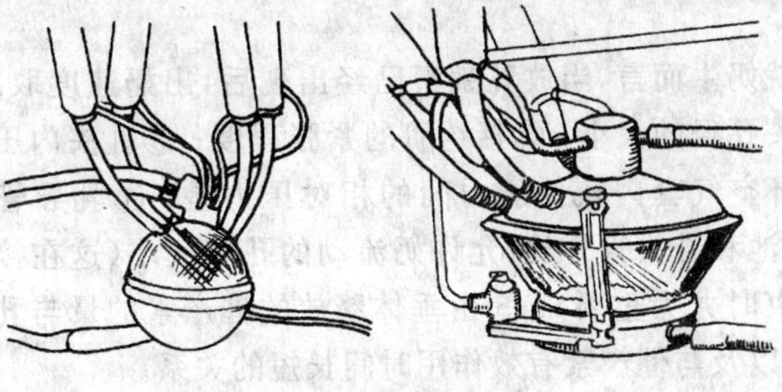

图 6-27　奶流示意图

这是可以透视察看奶流的挤奶器，可以了解乳头奶流停顿的情况。

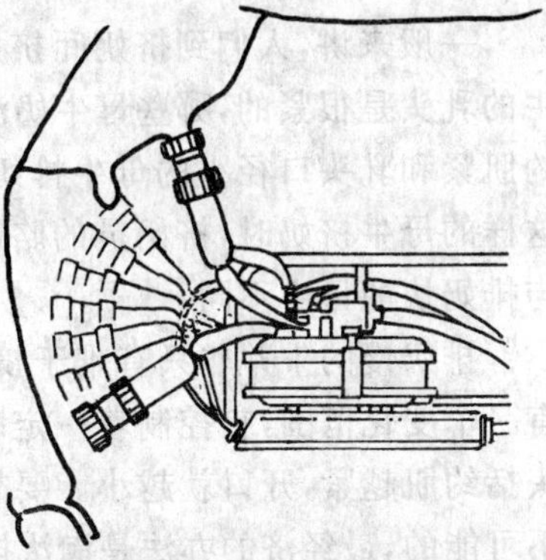

图 6-28　乳头杯自动脱落

自动检查和脱落的挤奶器(图 6-28)，可防止挤奶过度，可按各乳区而定(详见本章第八节)。

该自动单乳区脱落挤奶器有电子敏感探测器。当奶流停止就启动真空阻断泵，并使乳头杯脱落。而别的自动脱落装置在乳流低于预定速度时，乳头杯便脱落。

当奶排出时，给乳房内部的微细薄膜提供真空，可引起组织内的刺激。如果前乳区的首先排完，这种刺激可激发肾上腺素有效地释放，使后乳区挤奶不完全。

六、奶牛机体如何影响出奶速度

就奶牛而言，当放乳激素已经出现后，出奶速度取决于：①乳头孔径的大小；②括约肌的紧张程度；③乳头内压力与挤奶杯空气套内较低压力间的相对压力差；④乳导管对乳腺、乳池和乳头管开放，允许奶流动的孔径大小（这在接近挤奶结束时尤为重要）；⑤由垂体释放的催产素的量与乳腺组织量，以及与催产素有效作用时间长短的关系。

（一）乳头孔径和括约肌

一般来讲，人们到挤奶间挤奶时不会仔细去观察哪些母牛的乳头是很紧的，哪些母牛奶流是很细的。但重要的是，括约肌紧和乳头口径小的母牛排奶慢。对于手工挤奶来说，给这样的母牛挤奶时，挤奶员的胳膊、手腕、手指就可明显感到与排奶快的母牛不同。

排奶慢的牛并非只有难于挤奶。许多试验证明，乳头肌有一个变化范围，它控制着一定时间内通过乳头的奶量。乳头括约肌越紧，开口就越小。要想改变母牛括约肌的状况是不可能的，最经济的办法是淘汰排奶慢的母牛（图 6-29）。

在改变挤奶速率问题上有的人想试用新近广告上宣传的挤奶充气套，或设法改变脉冲器的速率。当然，要是充气套用得很旧或老化了，换上任何新的充气套都会暂时表现出有所改进。改变脉冲器的速率，特别是同时加大吸奶的时间，可以使挤奶速度稍有加快。然而，在没有其他干扰因素存在的情

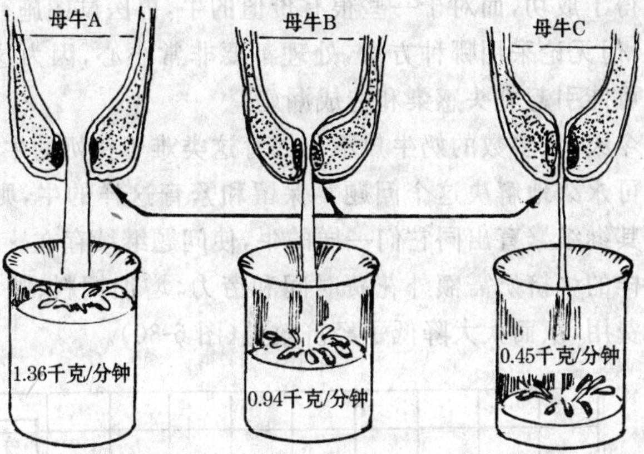

图 6-29　排奶慢母牛的淘汰原因

况下，要达到这个目的，根本的解决办法是加大乳头中的压力差，这将会更有效地加速排奶。但即使这样做，所带来的改进也是有限的。正如我们已经看到的那样，乳头口是被一组环形的富有弹性的肌肉围绕着的，这就是乳头括约肌，它包围着乳头端部。其功能是防止奶的流出和阻止乳房炎细菌接近乳腺。有一些牛的括约肌很松弛，当乳头的周壁及端部遇到真空环境时，开口就可能明显扩大，流出的奶流很粗。其他一些牛属于中间类型。仅有少数的牛括约肌很紧，挤出的奶流很细。

过去曾有人认为，母牛可以通过训练加快挤奶速度。然而，乳头口的大小对挤奶速度影响很大，这就清楚表明，挤奶速度的加快取决于乳头的结构而不是取决于对母牛的训练。一头奶牛的产奶性能在泌乳期变化很小，对排奶慢的牛，若将挤奶期减少几周，但又不改变每次挤奶时间，则会由于不能加快挤奶速度，而使奶量减少。乳头扩张器的应用在一定程度上取得了成功，而对于一些很有价值的牛，兽医试图施行外科手术，但无论采用哪种方法，处理都要非常小心，因为这些做法很可能引起乳头感染和造成漏奶。

今天，大多数的奶牛户不再繁育这类难于挤奶的牛了，这样就可永久地解决这个问题。保留和繁育这样的牛，则意味着让其继续繁育出同它们一样的牛，使问题继续存在。另外，给这样的牛挤奶需额外花费时间和劳力，增加饲料、喂养、看护等费用，从而大大降低了经济效益（图 6-30）。

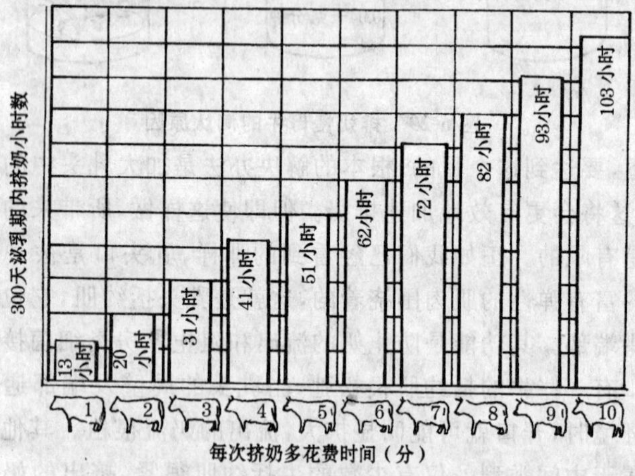

图 6-30　挤奶时间与经济效益

挤奶时间每增加 1 分钟，则在整个泌乳期增加 10 小时。如果每小时挤奶劳动的费用按 8 元计算，那么对于相对难于挤奶的一些母牛来说，挤奶时间多 1 分钟，则其成本增加 80 元；多 2 分钟，成本增加 160 元；多 3 分钟，成本增加 240 元。

正常情况下，在有良好挤奶习惯的牛群中，易于挤奶的 2～3 岁母牛可在 2～2.5 分钟内挤完奶，易于挤奶而年龄较大一些的牛可在 2.5～3.5 分钟挤完奶。当然高产奶牛需要的时间较长，但据观察，在 56 秒内，可从 1 头高产奶牛中挤出 11.35 千克奶。与之相反，难于挤奶的牛往往需要 10 分钟或更多的时间(图 6-31)。

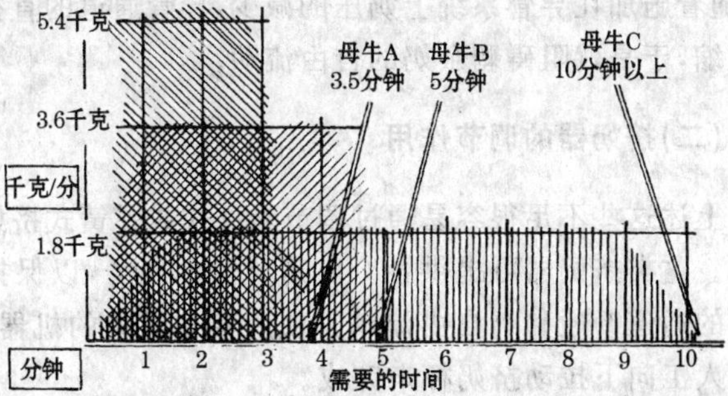

图 6-31　括约肌对挤奶的作用

挤奶时，每头母牛需多长时间不完全取决于工作效率。图 6-31 说明，有 3 头母牛产奶量相同，但其乳头括约肌的紧张度不一，母牛 C 1 天挤奶 2 次时，每次挤奶要多花费时间 5～8 分钟，这样 1 年就多用时间 60 小时。

挤奶时间长短上的差别意味着奶牛户在时间和劳力中的产奶成本。从图 6-30 可看到按 1 头牛计算的整个泌乳期多花费时间的情况。

当乳头内部的压力较大，能够克服围绕乳头孔收缩着的括约肌的力量时，奶流就可通过乳头口。当乳头的直径较大，括约肌的收缩力较弱以及乳头中“绝对内压”较小时，一般要得到充足的奶流，乳头最少需要 222.5 千帕(5 磅)的压力差(“绝对内压”指挤奶杯充气套中空气已部分排除时乳头内部与外部的压力差)。克服乳头口阻力使之充分打开所需的绝对压力是获得充足奶流的必需条件。这一点是千真万确的，在挤奶开始阶段尤其是如此。当充足奶流从乳腺泡中排出，对乳导管系统施加压力，使通向乳池和乳头管的导管保持开放状态时，奶流就畅通无阻地向下流动。然而，在挤奶的后期，随着施加在导管系统上奶压的减少，导管通道的直径减小并收缩，于是就阻碍剩余奶的自由流动。

（二）挤奶器的调节作用

上述这些不足很容易通过调节悬挂式或弹簧式挤奶器来补救。这类挤奶器可提供各个乳房所需的压力，以保持导管系统的通道畅通和奶自由流动。使用其他类型的机器时，可通过人工向下拉动挤奶杯来完成。

脑垂体在刺激后释放的催产素的量也可能是影响挤奶速度的一个因素，但迄今尚无资料表明不同的牛激素释放量的范围。有理由这样估计，正如奶牛机体分泌其他物质那样，这种激素的分泌量也是变化的。母牛分泌足够量的激素（按每头牛乳房中乳腺组织的单位面积计算）将有助于促使其在较长时间内放奶，使挤奶器能够挤出不包括残余奶在内的全部奶。显然，对于那些只释放少量激素的牛，要使其奶量维持在正常水平，挤奶器必须以比给正常牛挤奶更快的速度来挤奶。这就可能解释使许多奶牛户感到困惑的问题，即为什么遗传潜力很大的一些母牛却经常在产奶量方面令人失望。

挤奶器使用得当，不仅对于每次挤奶获得最大奶量是重要的，而且在防止挤奶杯阻断奶流，防止因疼痛而干扰整个挤奶过程，以及对产奶过程等也都是重要的。

挤奶快慢是可遗传的，淘汰挤奶慢的牛，使用挤奶快的母牛所产的公牛配种，最好其女儿也是挤奶快的牛，这样就可使一群牛都逐渐变为挤奶快的牛。

提高挤奶速度并以此来划分奶牛等级时，会发现乳房炎的病例增加了。据认为，这是由于细菌更易侵入乳头孔较大的乳区之故。但乳房炎的增加也可能是由于排奶快的牛在挤奶结束后需要间隔较长的时间才能快挤。但无论出于何种原因，选择排奶快的母牛所得到的好处比乳房炎稍有增多的缺点要大得多。

在大型商品奶牛场，千百头母牛在牛床式畜舍内挤奶，这时决定操作成功的关键在于选择泌乳率最高的母牛，这样显然可以节省时间和劳力。

挤奶最快的牛不超过 2～3 分钟就可挤完奶，一般的牛挤奶需 4～5 分钟，挤奶较慢的牛需 6～12 分钟。

在挤奶时间上有如此之大的差异就在于挤奶速度上的差异。如果将奶桶放在一个秤盘上并记录每分钟的奶量，即可观察到一些牛每分钟挤奶多达 4.54～5.35 千克，另一些牛每分钟最多可挤 2.72～3.63 千克，少数牛每分钟挤奶 0.81～1.82 千克。如果以每分钟排奶 4.54 千克的速度挤奶，那么一头产 11.35 千克奶的牛只需挤奶 3 分钟；但若以每分钟排奶 1.36 千克的速度挤奶，那么挤 11.35 千克奶需 10 分钟。影响挤奶速度的主要因素有两个，一个是牛本身，另一个是挤奶器的构造及操作，后一个因素将在下一节讨论。

七、挤奶器结构和操作对挤奶量的影响

开始放奶后乳汁的流速主要取决于乳头口的大小，但挤奶器的结构和操作也起重要作用。

由于真空对乳头的作用，机器将乳汁从各乳区的乳头口

中吸出。如果乳头杯的橡皮内套瘪塌和脱落就不能像手工挤奶那样挤出乳汁。

机器的脉冲也会引起悬挂着的奶桶摇晃或震动。接近挤奶结束前,重量的增加和拉力的调节都有助于防止乳头杯上移(图 6-32)。

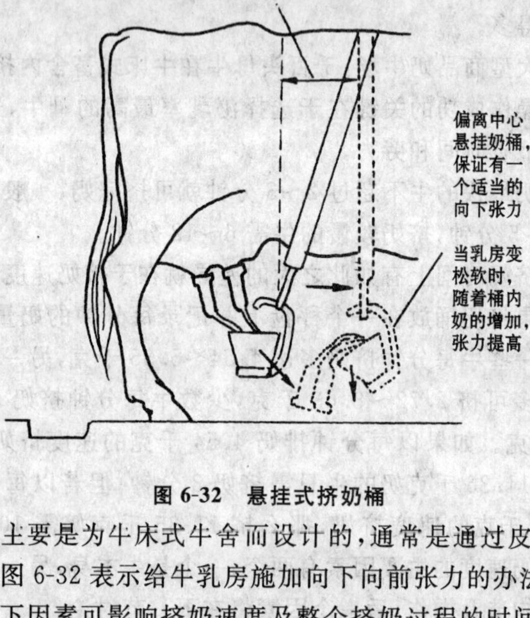
通过调整皮带位置调节向前的张力
偏离中心
悬挂奶桶,
保证有一
个适当的
向下张力
当乳房变
松软时,
随着桶内
奶的增加,
张力提高

图 6-32　悬挂式挤奶桶

这主要是为牛床式牛舍而设计的,通常是通过皮带吊在腹下。图 6-32 表示给牛乳房施加向下向前张力的办法。

以下因素可影响挤奶速度及整个挤奶过程的时间:①真空度;②乳头杯结构;③乳头杯的重量;④悬挂式挤奶器的重量或挤奶器的拉力,以及肚带和安装的调节;⑤脉冲器的速率。

(一)真空度的作用

如果乳头口的开口大小不变,那么挤奶速度可随真空度的提高而增加。然而，正如上面所述，实际上乳头开口的大小变化很大。实验表明，提高真空度对挤奶快的牛比挤奶慢的牛在挤奶速度方面的作用大。这说明，增加真空压对乳头口紧的牛影响较小，而对乳头口大的牛影响较大。因此，真空对那些最需要增加挤奶速度的牛来说效果并不大。

挤奶器所用真空范围一般在 33～50 千帕。在那些真空度较低的机器中，乳头杯的规格有时是加大的，以便给乳头口和乳头周围更大的面积提供真空。这样尽管真空度低，但仍能增加乳头口的扩大和挤奶速度，不过对于乳头口紧的乳头效果较小。

一旦乳汁从乳头中排出，较高的真空压对于提高奶的排出速度总是有利的。但当排奶接近结束时，较高的真空压逐步成为问题。真空度高可能引起乳头杯上移，堵塞乳头基部的开口，除非乳头杯组件的重量增加，或者应用悬挂式或弹簧式挤奶器。

在悬挂式挤奶器中，奶桶及其中所盛奶重量的增加或调节弹簧的紧张度，都能阻止乳头杯上移。但当奶量较低时，进行向下向前的调节，可增加对乳头杯的拉力(图 6-33)。

挤奶厅安装的可调式弹簧臂，可与悬挂式奶桶组装。

在下列情况下，高真空度会造成严重的后果：①各乳区挤奶的时间不一致(一般前乳区产奶量只有后乳区的 2/3)；②1 个乳区的奶挤完后还继续吸吮，可引起乳头池内的血管充血，还会造成乳头溃疡或乳头口外翻。如有慢性乳房炎，则可引起乳房炎发作。如果挤完奶后乳头杯能脱落(无论是手工摘落还是自动脱落)，就可以放心地利用高真空来提高挤奶速度。

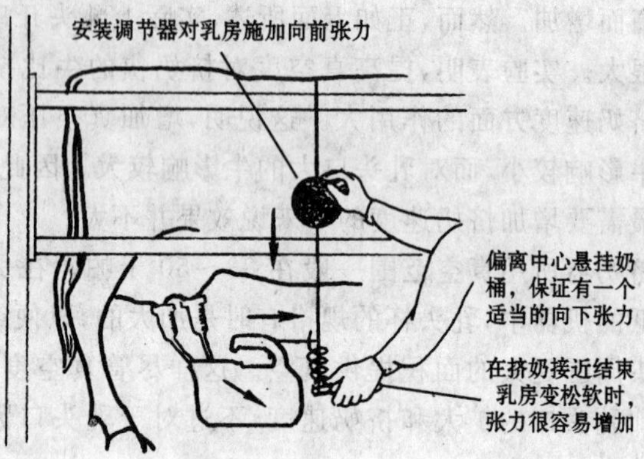
安装调节器对乳房施加向前张力
偏离中心悬挂奶桶，保证有一个适当的向下张力
在挤奶接近结束乳房变松软时，张力很容易增加

图 6-33 可调式弹簧的作用

(二)脉冲的调节

在一般的双功能挤奶器中，脉冲器就是一个总变换阀门。这个阀门可交替地将乳头杯的外腔与空气或真空相连，同时，挤奶杯充气套内部却受连续不断的真空支配。放入空气的目的是要使空气套的弹性壁以向上的方向按摩乳头，使血液向上流动。如果没有向上的按摩，真空将血下吸到乳头，就会引起乳头管充血。

在脉冲器的不断改进中，最重要的是确定按摩动作相对于松弛阶段时间的长短。最普通的办法是平均地划分两种动作的时间，如果按摩时间增加，就减少了每次吸入容器中的奶流时间。如果按摩时间减少，挤奶速度就稍有增加。脉冲器的另一个问题是要决定使按摩动作能与松弛期相适应所需要的每分钟脉冲次数。脉冲器的速度可以是每分钟 20～50 次，甚至到 80 次。在每分钟 60 次的脉冲速度下，对乳头的按摩动作大约是每秒钟 1/2 次。

由于各种挤奶器中脉冲器与乳头杯距离不同，以及管道式挤奶设备中的空气泄漏，必须对脉冲器速度问题进行进一步研究，在此之前最好先遵照生产厂家的建议进行操作。

在桶式落地挤奶器中或管道式挤奶设备中，乳头杯的平均重量大约为 3.18 千克（7 磅）。在这些机器中，主要是通过提供真空才使乳头杯保持在乳头上。当挤奶接近结束时，会出现两个问题。

一是乳头杯有上移到乳头上部阻断奶流的趋势。这阻碍了奶的完全排出，真空压完全作用于乳头的细嫩的膜上，引起组织充血。在挤奶慢的母牛中，由于乳头杯在挤奶时间内的上移更快，并阻断奶的排出，所以这个情况就更严重。

二是乳头杯垂直向下悬挂，大部分母牛的乳房和乳头向前倾，从较大导管中排出的奶量，因乳头杯垂直向下安放，造成的奶量减少比乳头向前下方向悬挂所引起的奶量减少要大（图 6-34）。

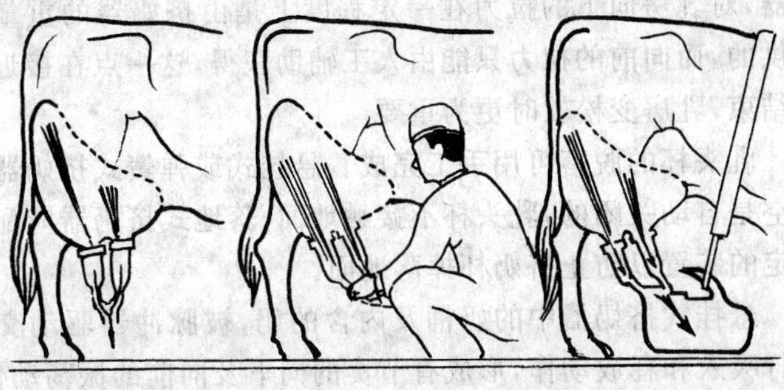

图 6-34 乳房外形与排奶

乳房的自然外形使乳头的方向向前和向下。可以看出，悬挂式或弹簧式挤奶器特别适合奶流向前和向下流动，而爪式挤奶器却只能使奶流垂直向下。因此，在使用爪式挤奶器时向前推动将有助于挤奶器挤尽余奶。

无论是乳头杯的上移，还是导管的排奶问题都可通过手工调节得以解决，即在挤奶的最后几分钟里有节奏地向前下方拽拉乳头。只要乳池一打开，从导管的排奶一恢复，奶流就会重新畅通。

增加乳头杯重量，也可部分地阻止乳头杯的向上蠕动。但只有当母牛乳头承受得了附加的重量时这样做才有实际意义。当向下的加重本身有助于解决排奶的问题时，导管系统对向下和向前张力的自身调节在这里就不起作用了。

在悬挂式的桶式机器中，乳头杯直接与桶相连，桶和乳头都是通过牛背上的肚带托住的(图 6-35 至图 6-37)。

悬挂式或弹簧式管道挤奶器，其向下和向前张力的调节，可通过调节牛床上的皮带(图 6-35A)或安装在挤奶厅中的调节器(图 6-35B)来完成。

适用于拴系式牛舍和挤奶厅的奶桶式、管道两用爪式挤奶器，对乳房向下的拉力在一定程度上是由挤奶器的重量所提供的，而向前的拉力只能由人工辅助获得，这一点在接近挤奶结束，乳房变松软时更为重要。

乳头杯的脱落可用手工完成。悬挂式或弹簧式挤奶器的真空是自动关闭的，乳头杯不接触地面，落地式挤奶器应配有一定的装置以防止挤奶杯掉落地面。

悬挂式挤奶器中的奶桶及内含的奶，被脉冲器驱动交替进行吸入和释放动作，形成有节奏的向下及向前的振荡动作，交替向下拉乳头杯然后减松压力。交替向前下方的拉力阻止了乳头杯的向上蠕动，促进奶流从导管和乳池中流出。使用这类机器在挤奶过程中操作时不必始终注意机器的挤奶动作。

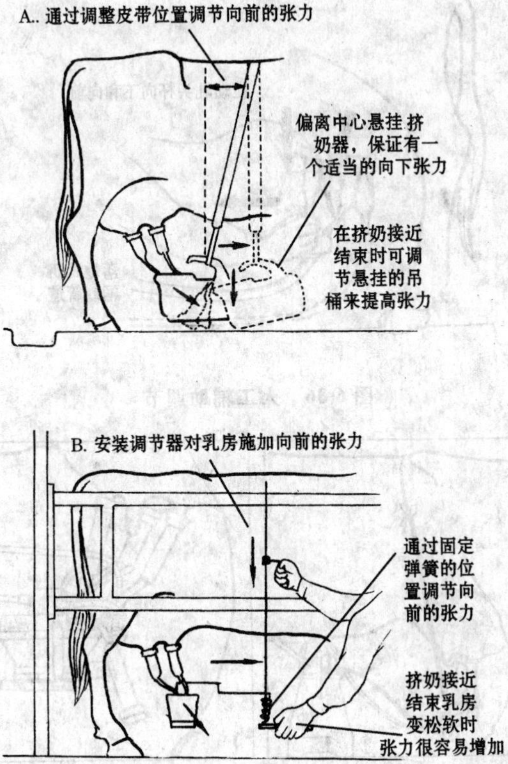
A.. 通过调整皮带位置调节向前的张力
偏离中心悬挂 挤奶器，保证有一个适当的向下张力
在挤奶接近结束时可调节悬挂的吊桶来提高张力
B. 安装调节器对乳房施加向前的张力
通过固定弹簧的位置调节向前的张力
挤奶接近结束乳房变松软时张力很容易增加

图 6-35　张力调节

机器挤尽余奶可以保证较高的挤奶量，于是节省了时间。上面部分表示如何利用使乳房向下、向前的张力；用悬挂式奶桶，挤余奶是自动的，因为可以防止乳头杯上行，避免了排乳通道的堵塞。

用爪式挤奶器时，排乳速度一下降即给予手工辅助(约在第四至第五分钟)也可得到相同的结果。如果到奶流停止后

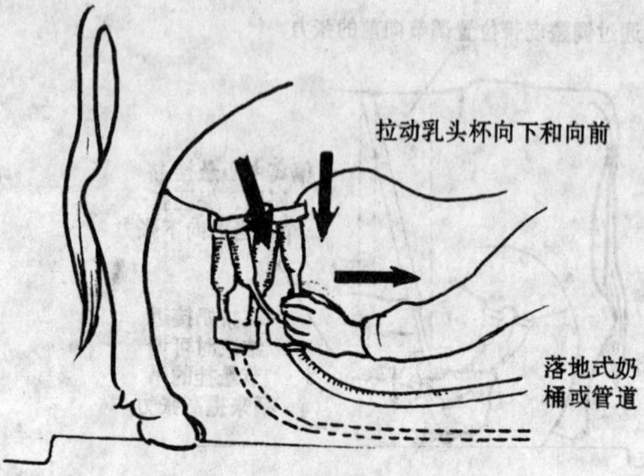

图 6-36　人工辅助调节

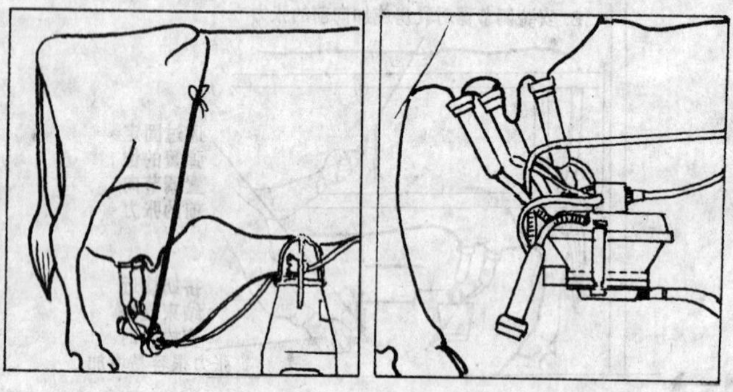

图 6-37　乳头杯脱落

再用手工辅助加强张力(在第五至第六分钟),则要增加 1 分钟以上的挤余奶时间(图 6-38)。

为使悬挂式挤奶器与管道式挤奶系统相连接,可采用可调式弹簧装置来调节乳头杯的张力。

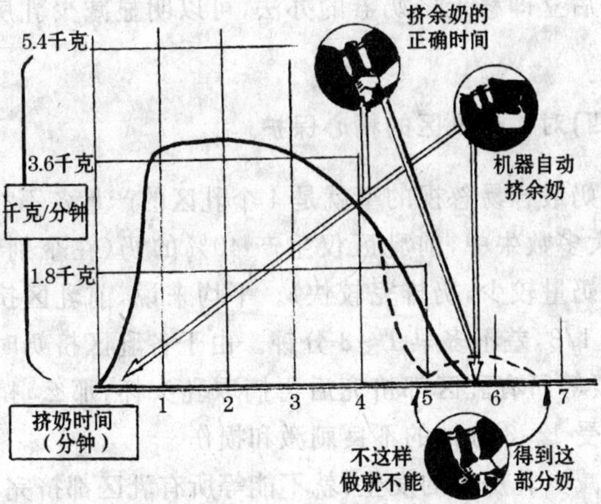

图 6-38　余奶挤尽

(三)挤奶结束前的张力调节

当奶牛产奶量因接近泌乳结束而下降时应将张力稍调大些,这样就可更快更彻底地完成挤奶工作。此项工作可通过向前调节搭在牛背上的肚带来完成,对于挤奶慢(难挤)的牛也可用这一方法。在一些管道式挤奶器中,稍微增加弹簧式挤奶器的张力,或降低该装置的位置,都可增加所需的拉力,使乳头杯保持在合适的位置上,不上移。

如上所述,在机器挤奶中,排奶是通过真空对乳头的外部及端部的作用而形成的,当奶牛开始放乳时,通过此过程使乳汁挤出,奶牛是很舒服的。然而,一旦所有可能挤出的奶从各乳区挤完,作用在乳头上的真空压将引起奶牛的不适,并损害排列在乳池和乳头内的细嫩组织。对腺体细嫩组织的刺激和造成的损伤是乳房炎感染的最基本原因。通过迅速挤奶以及挤完奶后立即移走挤奶器的办法，可以明显减少乳房炎的病例。

（四）对 4 个乳区的精心保护

挤奶最容易忽视的事就是 4 个乳区的产量各不相等。通常，在大多数牛中，前乳区仅生产 40％的奶（在个别情况下，后乳区奶量较少，奶排完较快）。平均来说，前乳区挤完奶的时间短 1/3，差不多早 1～3 分钟。由于各乳区挤奶时间不均等，如要等所有乳区都挤完后再摘取乳头杯，那么，挤奶快的乳区要受 1～3 分钟的不良刺激和损伤。

要减少乳房炎的发生，就不能等所有乳区都挤完，应当哪个乳区挤完，就先撤走该乳头杯。按此法去做，就能减少创伤性乳房炎的发生。由于可以花较多时间从高产乳区挤出更多的奶，从而提高了产奶量。另外，每次挤奶可从每头牛挤出全部奶，也就可以在每次挤奶都得到最后的乳脂率最高的奶。

研究表明，挤奶越接近结束，乳脂率越高。这可通过定时取样来测定（图 6-39）。在挤奶初期乳脂率提高很慢，而最后 10％的奶中，其乳脂量是挤奶开始时的 3～5 倍。

挤尽所有的奶可得到较高的乳脂率。最后挤出的 20％奶的乳脂率最高（以 4％乳脂率为基础）。

八、自动化技术在挤奶中的应用

就挤奶来说，至今尚未达到完全自动化的程度，一些必要的挤奶程序仍不可缺少。前几节讨论过的挤奶功能，实际上仍是重要的。

乳品业专家对奶的产生和排放基本原理的认识并没有改

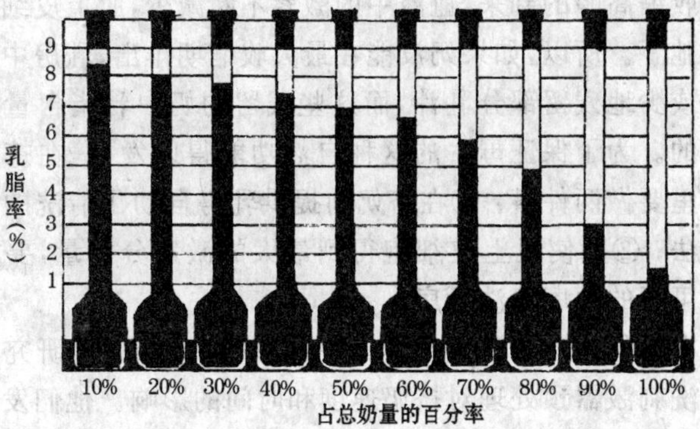

图 6-39 乳脂率的提高

变,所不同的只是采用了电子学和机械学方面的新发明,使我们向挤奶自动化又迈进了一步。

各种自动挤奶系统,都集中围绕着两个主要功用,一是乳房的自动化挤奶准备,二是挤奶器的自动脱落。

由于乳房的挤奶准备及挤奶器及时脱落都是非常重要的,所以我们要了解已投入使用的新设备的功能。

(一)挤奶前清洗乳房的作用

奶牛的乳房在清洗过程中,产生一种神经刺激,使母牛释放催产素(放乳激素)。神经刺激由乳房传到大脑是非常迅速的,不到 1 秒钟。但静脉血中的激素到心脏,再由动脉血到乳房,需要 40～50 秒,加上激素使已贮有乳汁的腺泡周围肌上皮细胞收缩所要的时间,母牛做好排奶准备共需 1 分钟左右。这 1 分钟是许多机器挤奶者所无法估计到的。但用机械刺激方法,这 1 分钟时间就可以自动得到保证。母牛一开始排奶,就应立刻开始挤奶,因为激素在这段时间内的作用强度最大。

随着收缩高峰的到来，血液中的激素不断减少，肌上皮细胞也就松弛了。所以，如果奶没能在最大收缩期排出，乳房中就会或多或少地残留部分乳汁，而这些残留的奶中乳脂含量是最丰富的。为了保证母牛的这种自然功能得以发挥，在挤奶预备间里要做两件事：①在挤奶前提供乳房自动化清洗的场所和方法；②为使肌上皮细胞得到最大的激素分泌量，要建立一个可行的程序清洗乳房。

在哥伦比亚密苏里大学的一次试验中，哈克等研究了一种清洗刺激器预处理对挤奶速度和时间的影响。他们发现这个设备在各个方面都比人工刺激优越(图 6-40)。

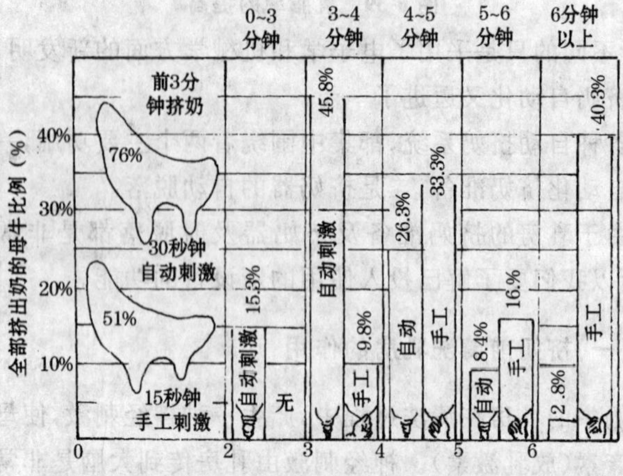

图 6-40 喷洒刺激的作用

这种刺激的作用表明挤奶时间在很大程度上受乳房刺激的性质和时间的影响。图 6-40 为在 30 秒自动喷洒刺激和 15 秒手工刺激后出奶情况的比较。

用同样的挤奶器，在真空度相同的情况下，对 79 头奶牛进行试验的结果表明，每天可减少 2 小时的工作量。由于应用了准备牛栏，使挤奶高峰出现时间从第二秒提前到了第一秒，挤奶时间随之缩短。每头牛的平均挤奶时间从人工刺激的3.14～14.17分钟减少到2.02～7.47分钟。

(二)挤奶前准备工作的自动化

近几年来，自动化准备牛栏越来越受到欢迎，它是作为自动挤奶厅系统的一个不可分割的部分而设计的，可同许多现有的挤奶厅设备配套，以提高其效率。

正常情况下，一个准备牛栏足够为有3～4扇边门的挤奶厅之用。这样的比例是可行的，因为对1头母牛进行刺激和清洗仅需1.5分钟，而挤奶时间要3～10分钟。这在第五节已讨论过了。

利用鱼骨式挤奶厅时，牛能自动列成几组，准备牛栏中的牛（与每排的挤奶器数一致）同时进行乳房清洗，同组的牛同时受到刺激。

只要遥控不失灵，一般牛一通过入口，门即自动关上，准备牛栏开始对乳房和乳头喷洒温水。有时可先用含有致湿剂的溶液喷洒后再定时冲洗，也可在使用喷洒致湿剂后喷洒一种含消毒剂的溶液。

在整个挤奶操作过程中，操作者要做的就是按动开关，让牛从准备牛栏进入挤奶厅。门可按顺序自动打开和关闭，不需操作者一一操作。因此，操作者可以放心，牛一进入挤奶厅，就已做好了充分的挤奶前准备。将乳房擦干后即可立刻装上挤奶装置。这时乳汁已开始排放。

在适当的气候条件下，自动奶牛清洗器确实能给牛的乳房提供一定的刺激。但为了刺激有效，清洗必须定时，以防止刺激过早。无论使用的清洗器类型如何，在使用挤奶器之前要对每头牛的乳房用单独的干净毛巾擦干。

机械化的空气-高真空刺激器可在挤奶器挤奶操作的第一分钟为乳头提供良好按摩。按摩动作可通过向挤奶杯充气套中引入正常的真空压，而在充气套外施加有控制的气压来完成。定时刺激周期结束后，空气压力消除，挤奶器就恢复正常的脉冲动作。在大多数奶牛中，此法可成功地用于刺激乳汁的释放。

无论是在准备牛栏用自动化机械刺激，还是在挤奶厅用空气-高真空刺激器，都有助于挤出全部乳汁。

很久以前人们就已认识到防止挤奶过度的必要性。无论对整个乳房，还是各个乳区，这都是很重要的。

(三)乳头杯自动脱落

目前在农场中所采用的自动挤奶器类型较多。这些挤奶器都可以解决这一问题，它们都有奶流速度测定功能和敏感装置。还可借助机械手段改变加在乳头上真空压的影响，并使挤奶杯脱落。这些新型挤奶系统的主要工作原理是：一旦乳汁流动停止，或奶流低于某一速度，乳头杯就自动脱落。有一种系统是当奶流速度低于设计值时，真空度降低，但乳头杯不脱落，等待操作人员拿走。

由于在正常情况下前、后乳区分泌的乳汁分别占 40%和 60%，而各乳区的排奶速度近似，因此很明显，前乳区要比后乳区先挤完奶。最理想的办法是按乳区分别脱落乳头杯。依此设计的挤奶器最符合及时脱落乳头杯的需要，对母牛是最安全的。分区脱落系统可以辨别来自不同乳区的奶。当一个乳区的奶停止流出时，回缩圆筒关闭真空，将该乳头杯脱落(图 6-41 至图 6-43)。

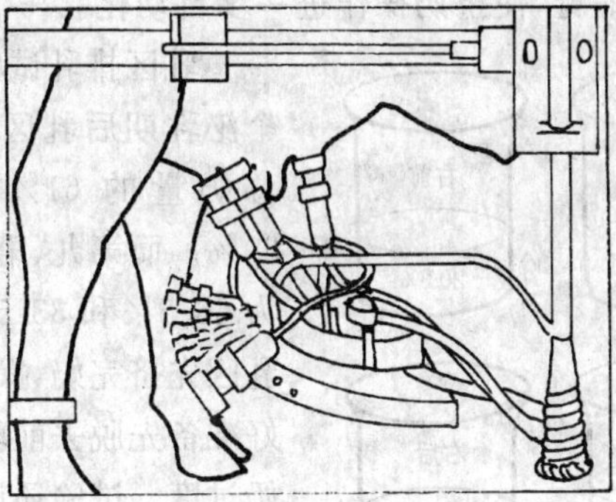

图 6-41 自动脱落示意

自动分区脱落挤奶器在每个乳区挤完奶时分别脱落各自的乳头杯。当某一乳区挤尽时，与一个非常敏感的电子控制装置相连的回缩筒立刻关闭真空，并同时使乳头杯脱落。自动挤奶器的支撑对挤奶杯提供向前向下的张力，一头牛挤完奶后，它将整个挤奶器拉到较低位置。

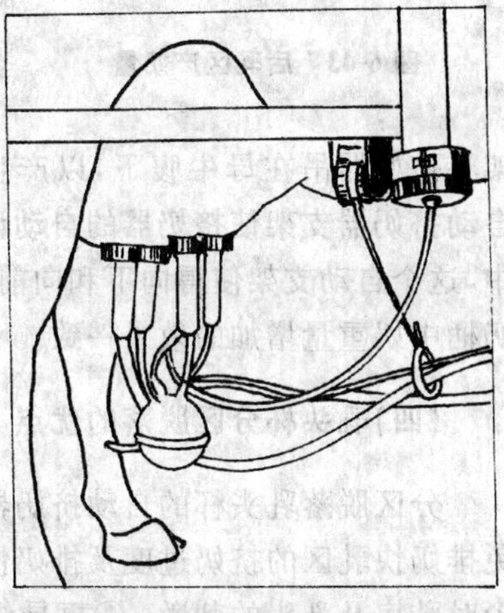

图 6-42 低流速与自动脱落

当奶流低于一定速率时（通过漂浮式敏感装置控制），典型的自动脱离器将乳头杯退下。常规挤奶器如悬挂式或爪式都可与之配用。真空筒通过一个回缩缆与挤奶器相连，使挤奶器在挤奶结束关闭真空后脱落。这类自动脱离器也可采用回缩臂，使挤奶操作进一步自动化。

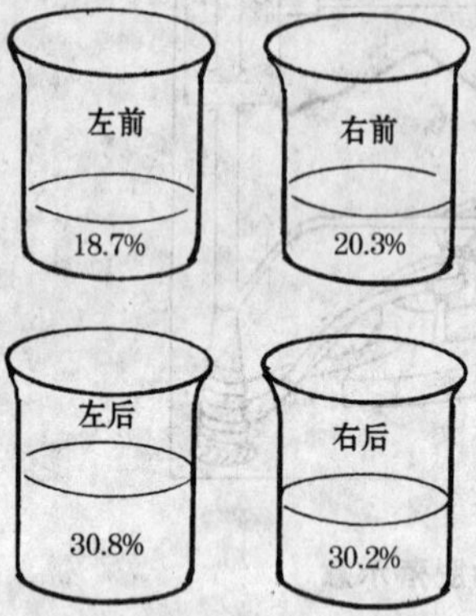

图 6-43　后乳区产奶量

乳区排乳试验表明，在整个泌乳期后乳区的产奶量占总奶量的 61%，前乳区占 39%。而第九、第十泌乳月变为 66.5%和 33.5%。鉴于前乳区先挤完奶，操作者应该做好准备先脱去前乳杯，防止挤奶过度。试验还说明，如一侧乳区发生乳房炎，则其泌乳量降低 30.8%，而对侧乳区泌乳量下降 12.6%。

可以采用一个挤奶器支架将挤奶器吊在母牛腹下，以产生一个向下和向前的拉力。自动挤奶器支架使挤奶器的自动调节成为可能。在挤奶过程中，这个自动支架使得向下和向前的拉力逐渐增加，与悬挂式奶桶中奶重量增加的效果一致。

（四）乳头杯分区脱落的优点

分区脱落乳头杯的自动挤奶器具有如下优点：①可以避免排奶快乳区的挤奶过度及排奶慢乳区的挤奶不足；②可减少对乳房及乳头的刺激；③更易维护乳房健康；④由于每个操作人员管理的挤奶器数目增加了，走动时间少了，使挤奶厅效率得以提高。

在一系列的自动分区脱落挤奶的研究中，通过对 51 000 头牛的观察，发现不同乳区的挤奶时间长短不同（表 6-1）。根据这项研究，从第一个乳区乳头杯脱落到最后一个乳头杯脱落的时间为1分钟35秒至2分钟45秒,平均1分钟57秒。因此,如果待所有乳区都挤完奶,各乳头杯同时脱落,那么挤奶快的乳头就要多受2分钟的真空刺激。而用分区脱落法,就不会造成这一刺激。

表 6-1 自动挤奶器测定结果(各乳区挤奶时间的差异)

挤奶厅	母牛总数	测定牛群数	最先和最后挤完乳区挤奶器脱落的时间差
A	5777	178	2分43秒
B	6130	76	2分23秒
C	7725	174	1分57秒
D	3606	169	1分47秒
E	6657	173	1分37秒
F	4272	176	1分51秒
G	10344	87	1分43秒
H	6470	149	1分35秒
合计	50981	1182	—
平均	—	—	1分57秒

采用传统挤奶器挤奶,挤奶最快的乳区会出现过度挤奶,使乳房疾病有增加的趋势。为此费尔普(1972)对550头牛进行了研究。他将牛分为两组,对照组采用传统挤奶器,试验组用分区脱落挤奶器。试验期22周,每5周测定1次(图6-44)。

用脱落式挤奶器挤奶的结果说明,开始时对照组稍优于试验组,但经过一段时间后试验组就显示出了优势,并一直保持下去。试验组的乳房炎评分和母牛乳头受损及异常等情况的发生率都低于对照组。

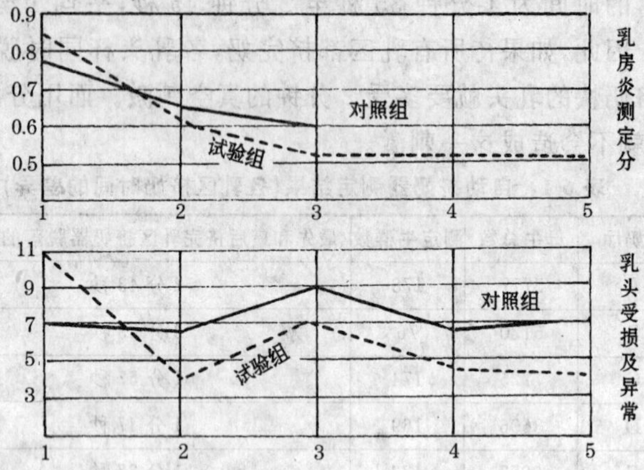

图 6-44 自动脱落杯优势

试验开始时,试验组不如对照组。但随着试验的推进这种劣势迅速消失,而且在试验中一直优于对照组。其优势主要包括:受乳房炎细菌感染的乳区少;加利福尼亚乳房炎测定评分低;乳腺内受刺激较少,且乳头口径异常也较少。这些差异都是很能说明问题的。

利用传统挤奶器时,必须随时观察,防止挤奶杯留在挤完奶的乳头上。在费尔普的试验中,使用自动分区脱落挤奶器时,操作者的走动距离比对照组少 26%。由于走动距离短了,人工检查乳房所需的时间减少,一个经验丰富的操作者就能有效地操作更多的自动挤奶器。在正常情况下,一个操作者只能管理 3～4 个传统挤奶器(取决于挤奶厅类型)。应用自动挤奶器,每个操作者控制的机器数目大大增加,而且一般不会感到过度紧张。这样就大大提高了操作者的生产效率,大幅度降低了劳动成本。

尽管分区挤奶非常理想,但研究表明,4 个乳头杯同时脱落的自动挤奶器在降低过度挤奶和提高劳动效率方面还是比传统挤奶优越。利用分区脱落装置挤奶时，各乳头杯自动脱落的过程可从牛床的闪光控制板上观察到。操作者在远处就能看到各乳区挤完奶的情况。在奶牛被放出挤奶厅的牛床前，应检查乳房并用药水浸泡乳头。

尽管在大多数研究中并没有说明应用自动挤奶器的挤奶量比应用传统挤奶器有明显增加，但其对奶牛健康的有利影响有助于奶产量的提高。尼古拉(1972)追测了一个牛群改用分区脱落装置的情况。他发现感染乳房炎的病例减少了，无乳链球菌感染从21例降至6例，葡萄球菌感染从11例减至2例。

真空对挤完奶的乳区产生过度挤奶，可引起母牛疾病和不适感觉，并造成肾上腺素分泌增加。肾上腺素反过来抵消催乳素的作用，使其他乳区奶量下降。可见分区挤奶是比较理想的，它有助于单位工时奶量的增加，也有助于乳房健康的维护。

奶牛户将牛驱赶去挤奶和挤奶过程中，应注意以下几点(表6-2)。

表6-2 奶牛户挤奶时应注意的问题

不规范的操作	发生的生理变化	遭受的损失
在挤奶前惊吓奶牛	奶牛血液中滞留激素(肾上腺素)将阻断放乳激素的作用	少获得0.9千克牛奶
未能定期挤奶(12小时内)	母牛在乳房内压高时比低奶压时分泌的乳量少	泌乳期短，产奶少

续表 6-2

不规范的操作	发生的生理变化	遭受的损失
在无刺激或刺激不完全前套挤奶杯，挤完奶的乳区未摘挤奶杯，在挤奶时粗暴地对待奶牛	摩擦刺激将减弱放乳激素的作用	母牛只给予部分合作，产奶少
在挤奶快结束时，未做向前向下拉动乳头杯	最后一份营养价值最高的奶滞留在乳房导管内	产奶少、乳脂量受损失
在刺激后超过 1 分钟才用挤奶器	失去奶牛的部分协作，奶压减低	产奶少
在挤奶器的保养上不够仔细	因真空压不高或不规律而使挤奶器的能力降低	产奶少，浪费时间

九、造奶所需的激素

(一)催 产 素

在奶的收获过程中起重要作用的放乳激素——催产素，已在前几节讨论了。

因此，我们已了解了各种刺激方法，如何将信息反射给母牛的大脑，结果引起位于大脑基部的垂体将催产素排入血液，并通过血流进入乳房。催产素作用于乳腺泡周围的肌上皮细胞上，迫使奶进入乳池和乳头池，由此便得到奶。

挤奶时，如果母牛、操作者和挤奶器的配合协调，那么挤奶工作就能很好地完成，残留在乳腺泡中的奶也将是非常少的。

每次挤奶时的奶量多少，取决于每个乳腺泡内上皮细胞的造奶能力（图 6-45）。在挤奶时，奶一排出，这些细胞就开始为下次挤奶而继续合成更多的奶。

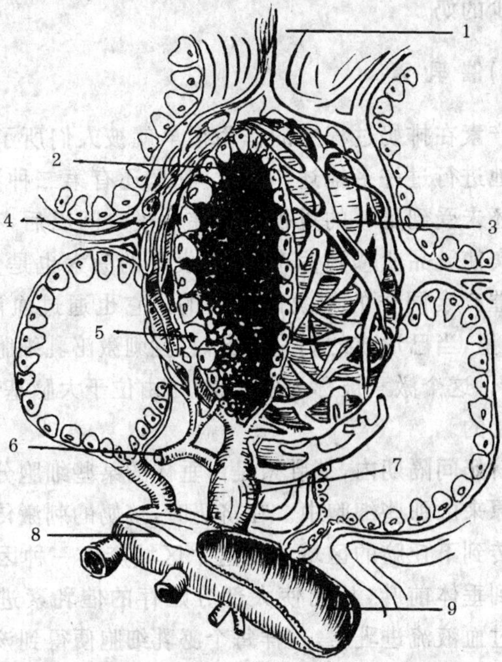

图 6-45 乳腺泡的图示

1. 动脉血 2. 腺泡腔 3. 肌上皮细胞 4. 毛细血管 5. 上皮细胞（奶分泌细胞） 6. 静脉血 7. 毛细乳导管 8. 导管壁内的肌肉细胞 9. 腺泡内导管

图 6-45 说明若把结缔组织膜剥去，现出衬在乳腺泡内的上皮细胞，在它的右侧是微小的肌肉细胞。当后叶催产素起

作用时，肌肉细胞就挤压乳腺泡。在它的左侧是血脉的网络，它为每个乳腺泡提供各种激素和奶的构成成分。

然而，在此尚需指出的是，我们还需要另一种激素，因为在上皮细胞中没有它就造不出更多的奶，在下次挤奶时仅能挤出极少的奶。

(二)催 乳 素

催产素在排奶过程中的作用很早就被人们所了解，并对它仔细地进行过许多描述。与此同时，还有第二种激素在研究领域还未受到足够的重视。但在一段时间以后，有这样的一些事实使乳品业感到惊奇，即新发现的激素也是受到与排放后叶催产素同样的刺激而释放的。它也通过血液进入乳房，在那里，当已形成的奶一排出，它就刺激泌乳细胞(上皮细胞)造奶。这个激素被称为催乳素，是由位于大脑基部的垂体前叶分泌的。

在挤奶间隔期内，催乳素是由垂体的某些细胞分泌的，并贮存在原来的那些细胞中。在挤奶时，挤奶的刺激传到大脑，然后再传到下丘脑的区域。在这个区域产生一种因子，通过血液传到垂体前叶，从而使大部分贮存的催乳素进入血液。激素通过血液流进乳房，这样每个泌乳细胞便得到该激素(图6-46)。在每个上皮细胞内部存在许多大小不等的粒子。该激素逐渐接触这些粒子，并与这些粒子发生反应，激素的作用逐渐减弱。但是，催乳素在活动中有一个独一无二的功能，即逐个刺激这些细胞，使其分泌乳汁。

一个良好的挤奶规程，不只是在一次挤奶时从每头奶牛尽可能多获取奶。在大脑和垂体的简图中，我们可以看到刺激信号是如何从脊髓传入大脑的，垂体后叶如何将后叶催产素释放到血液中。此激素是乳房放奶所必需的。

大脑垂体区受刺激还产生一因子传入前叶，使挤奶时释放另一种激素——催乳素。它存在于各乳腺泡的上皮细胞中，在挤奶间隔期促使奶的产生。

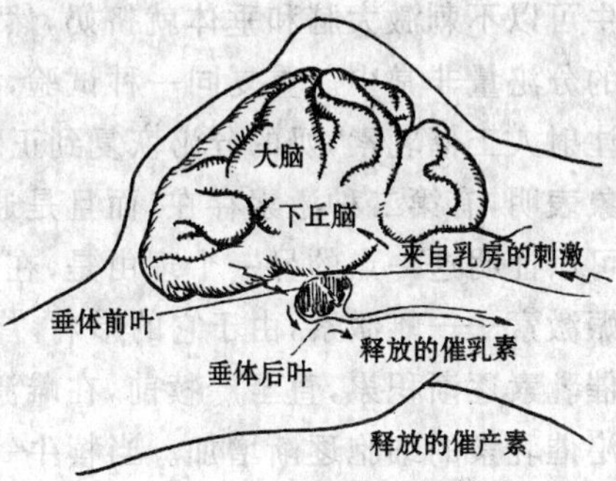

图 6-46　良好的挤奶规程

每一个上皮细胞分泌乳汁，包括将血液成分转变为奶中成分——乳糖、乳蛋白和乳脂，催乳素在上皮细胞中起着主要作用，并使奶的分泌成为可能。如果没有这种激素，那么细胞中的奶也就不能分泌出来，这一点是其他激素不可代替的。然而，只有足量的催乳素存在，其他激素才可刺激奶的分泌不断增加。

催乳素是在挤奶间隔期从垂体中产生的，而且它只有靠挤奶刺激才能进入血液。因此，为了奶的排出，挤奶人员必须认真完成挤奶，这样才能使催产素的分泌达到最大量，以保证乳的排出，以及催乳素的分泌达到最大量，以保证乳在产奶间隔时间的分泌。

另外，如果挤奶间隔不规则，随着奶压的增加，泌乳速度就逐渐减小，上皮细胞中的催乳素活性也随挤奶间隔时间的延长而下降，其结果是泌乳速度下降。

催乳素对泌乳的重要性已在实验动物中得到验证。试验首先是阻止催乳素的排出，然后注射足量的合成催产素，以获得奶的释放，从而使腺体流空。用上述方法注射催产素的奶牛可以不刺激大脑和垂体就挤奶，然而，在下一个间隔期，奶的分泌量非常少。重复同一种试验，但在提供催产素的同时注射人工催乳素，奶的分泌恢复到正常奶量的 70%。这些现象表明，有第二种激素存在，而且是通过挤奶刺激来排放的。可以证明这一点的另一个理由是，在妊娠后期出现的一种妊娠激素——雌激素，由于它的影响，首次妊娠的小母牛体内的催乳素逐渐积累，直至产犊前，在雌激素的影响下，垂体中分泌催乳素的细胞逐渐增加。当犊牛一开始吃奶，就出现第一次的激素分泌，然后在每个哺乳期又进一步增加激素的分泌。

在泌乳期的第一或第二个月，产奶量是随着每次挤奶时的激素产生和排出量的增加而增加的。高峰奶量出现后，奶的分泌逐渐减少。据研究，这是催乳素的分泌量逐渐下降之故。然而，有一些奶牛可持续许多月生产大量的奶，已有证据说明，这些牛有大量催乳素在不断地分泌。另一方面，一些催乳素分泌能力差的牛，或没有能力使产奶量维持在一定水平的牛，其乳房上皮细胞分泌的奶会越来越少。这个问题奶牛户已在奶量减少很快的牛中获得证明。一些奶牛有很大的乳房，同时还具有分泌大量奶的能力，但由于催乳素分泌不足，其潜在的产奶能力永远也发挥不出来。

催乳素在乳房中可单独刺激奶的分泌。然而，其他一些激素是通过加快乳腺细胞的泌乳速度来影响产奶量的。

（三）甲状腺素

甲状腺素早已被人们所熟知。给牛注射甲状腺素或投喂甲状腺蛋白，通常可使其产奶量提高 20%～25%，有些奶牛的反应可能略有出入。甲状腺素可通过增加饲料食入量，提高心脏的搏动率，使更多的血液流经乳房来影响产奶量。甲状腺素还可通过增强细胞活力来影响产奶量。最近人们了解到，它还可促进催乳素的分泌。

(四)甲状旁腺素

近来发现，甲状旁腺素也能通过影响血液中钙的水平而提高产奶量。

高产奶牛的产奶量取决于乳房中存在的大量泌乳细胞。每次挤奶时，奶牛有规律地释放催乳素来刺激这些细胞分泌奶。另外，甲状腺必须分泌大量的甲状腺素，甲状旁腺分泌大量的甲状旁腺素，而且垂体前叶还必须分泌足量的生长激素。如果这些激素中的一种或几种没有产生足够的数量，那么奶牛的产奶能力就会相应减弱。

当有意供给一种或几种激素时，奶牛的产奶量增加。这就说明，奶牛的产奶能力可通过激素是否分泌完全或注射激素来检查。

综上所述，一群奶牛可以有高效的产奶能力，但是产奶和获取奶的多少在很大程度上还取决于管理和挤奶员的操作。

人们必须用有效的刺激剂使足量的催产素释放出来，以引起乳房肌肉的收缩，这样才能获得最大量的奶。同样的刺激也能影响催乳素及其他激素的释放。这些激素存在于乳房，能进一步刺激奶的产生。

仔细考虑一下存在于泌乳和放奶生理过程中的微妙精细的平衡，便可得知，它很容易受到不适当挤奶的影响。因此挤奶工作是不可漫不经心对待的。

人、机器和使用这些机器的方式等等的重要性都是不容忽视的。